大数据必修课

孔环 梁虹 陈宗智 著

中国海洋大学出版社
·青岛·

图书在版编目(CIP)数据

大数据必修课/孔环,梁虹,陈宗智著. —青岛:
中国海洋大学出版社,2017.7
 ISBN 978-7-5670-1503-6

Ⅰ. ①大… Ⅱ. ①孔… ②梁… ③陈… Ⅲ. ①数据处理 Ⅳ. ① TP274

中国版本图书馆 CIP 数据核字(2017)第 168729 号

出版发行	中国海洋大学出版社			
社　　址	青岛市香港东路 23 号	邮政编码	266071	
出 版 人	杨立敏			
网　　址	http://www.ouc-press.com			
电子信箱	pankeju@126.com			
订购电话	0532-82032573(传真)			
责任编辑	潘克菊	电　　话	0532-85902533	
印　　制	蓬莱利华印刷有限公司			
版　　次	2017 年 8 月第 1 版			
印　　次	2017 年 8 月第 1 次印刷			
成品尺寸	170 mm × 230 mm			
印　　张	8			
字　　数	300 千			
印　　数	1~1500 册			
定　　价	28.00 元			

Preface 前言

　　大数据的价值在于它能够借助云客户端、互联网植入传统产业,使传统产业转型升级,使企业、政府以及公众机构获取更多的信息资源。互联网造就了一个规模化生产、智能制造、分享和应用大数据的现代信息化时代,并逐步或者说已经形成了大数据产业。包括德国的"工业4.0"、我国的"中国制造2025"也渗透着对大数据的倾心。政府对大数据发展高度重视,政策导向明显,产业布局合理;企业对大数据应用积极参与,敢于资金投入,摸索技术创新,探究产业升级;科研机构对大数据产业兴趣浓厚,设立科研院所、申请专业培养、设置专业课程,还通过举办大数据产业峰会吸引大数据产业巨头、对接大数据高端理论,等等。大数据已经在很多地区落地开花。

　　大数据时代将对经济学、管理学、政治学、社会学、组织学等很多学科领域产生巨大甚至根本意义上的改变。大数据的开发、应用翻开了新时代的篇章。我们在投入、拥抱、适应、推动大数据产业的过程中,也给大数据会计、大数据统计带来新的课题。对大数据合理地进行确认和计量;正确地对大数据进行会计处理,公允地将其体现在会计报表上,使大数据的应用成为一项新型企业资产研究的课题。站在大数据逐步产业化的层面,立足于雨后春笋般诞生的众多大数据企业和大数据研究机构的角度,让大数据资产走进大数据企业会计报表之中具有现实意义和深远的影响。

　　追溯大数据的专业渊源,我们能在传统统计专业里发现其蛛丝马迹。从大数据人才培养的角度来看,一些高校在统计或者相关专业的基础上开设大数据课程,这是方法之一。一些有能力的高校,看到日益崛起的大数据产业的无限前景,单独开设大数据专业或者数据工程专业也未尝不可。

本书从大数据时代的特征入手,对大数据及其应用领域所涉及的"工业4.0""互联网+"以及《中国大数据行动纲要》作了简要的分析。对大数据会计确认、计量、记录、报告进行了畅想式的模拟,对大数据时代给统计专业带来的机遇和挑战进行了分析,并对大数据人才的培养提出了框架式的建议。

本书编写初期曾取名为"大数据会计与统计必修课",后追溯会计复式记账的数字处理根源和统计专业理论与实践渊源,认为会计与统计的指向就是大数据,并且高校大数据专业已经初现端倪,最终将本书直接定名为"大数据必修课"。

本书适合于想了解大数据、大数据资产、大数据产业的人士,大数据企业管理人员和财务人员,大数据、会计、统计、数据工程等相关专业的研究人员阅读与使用。

在本书编写过程中,参考了一些书籍和有关资料上的内容,得到了相关机构和人员的帮助,在此一并表示感谢。鉴于水平有限,书中尚有许多不足之处,敬请广大读者批评指正。

编 者

2017年5月

Contents 目录

第一章　大数据时代 ··· 1

　第一节　大数据好玩且有用 ·· 5
　第二节　大数据的时代脉搏 ·· 9

第二章　大数据与"工业 4.0" ·· 25

　第一节　"工业 4.0"剖析 ·· 29
　第二节　大数据奠定"工业 4.0"未来发展 ·························· 38
　第三节　德国工业 4.0战略与大数据推进启示 ······················ 42

第三章　大数据与"互联网+" ·· 47

　第一节　"互联网+"让云计算和大数据走进终端用户 ············· 51
　第二节　"互联网+"借助大数据升级传统产业 ···················· 58

第四章　大数据在行动 ··· 63

　第一节　发展大数据的意义和目标 ································· 67
　第二节　发展大数据的任务和机制 ································· 70

第五章　大数据资产会计畅想 ································· 83

第一节　大数据会计的背景培育与技术支持 ················· 87
第二节　大数据资产的会计处理 ··························· 93

第六章　大数据专业梦想 ································· 101

第一节　大数据与统计专业渗透碰撞 ······················ 105
第二节　大数据专业人才培养 ···························· 105

第七章　大数据落地之道 ································· 111

第一节　政府搭台,企业唱戏 ···························· 115
第二节　高校研究峰会渗透 ······························ 117

第一章

大数据时代

"大数据"一词,当下炙手可热。在百度词条搜索里,不是以多少条计数,而是需要在电脑里翻多少页的问题。你若不了解,那只能证明你已经跟不上时代前进的步伐,被"OUT"了。

其实,多数没被"OUT"的人也只是道听途说,因为关于大数据的段子形象逼真,借助互联网、手机朋友圈已经飞到了千家万户甚至每一个人的手里。从这个意义上讲,大家没有被时代落下,但是真正能全面系统地了解大数据并能够投入其开发应用或者说从中获益的人却很少。当下,大数据已经渗透到第四次工业技术革命("工业4.0")中,利用在"中国制造2025"中;大数据会计也将呼之欲出,并且已经有人开始展望大数据的未来、勾勒中国统计的美好蓝图了。投资数亿元人民币的惠普大数据产业园在青岛奠基;中国的高等学府之一——清华大学设立了大数据研究院、工业大数据研究中心;北京大学设立了大数据技术研究院,开设了大数据专业课程;很多高校、企业、科研机构更是瞄准了大数据、数据工程、数据产业。可以说大数据时代已经来临;或者说,我们已经处在一个"大数据"时代。

我们有理由也有必要去了解、学习、认识大数据,作为处在大数据这个产业、行业及其相关领域的人更应该把大数据当作一项必修课去学习和掌握。作为高校,应该将大数据内容融入相关学科的教学和科研中,让更多的人跟上时代的步伐。作为从事大数据、会计、统计、数据工程等理论研究与教学的专业,更应该深入研究大数据并将其作为学科建设的基础,开好大数据必修课,让学生学好大数据必修课。

第一节 大数据好玩且有用

最近流传着这样一个段子,题目是"什么是大数据"。这个段子虽然没有给大数据下一个严格的定义,但是也形象逼真地描述了一些大数据的特征。既然要研究大数据,我们不妨也传播一下这个段子。

什么是大数据

某必胜客店的电话铃响了,客服人员拿起电话。

客服:必胜客。您好。请问,有什么需要我为您服务的吗?

顾客:你好,我想要一份……

客服:先生,烦请先把您的会员卡号告诉我。

顾客:16846146★★★

客服:陈先生,您好!您是住在泉州路1号12楼1205室,您家电话是2624★★★,您公司的电话是4666★★★,您的手机号是1391234★★★★。请问,您想用哪一个电话付费?

顾客:你为什么知道我所有的电话号码?

客服:陈先生,因为我们联机到CRM系统了。

顾客:我想要一个海鲜比萨……

客服:陈先生,海鲜比萨不适合您。

顾客:为什么?

客服:根据您的医疗记录,您的血压和胆固醇都偏高。

客服:您可以试试我们的低脂健康比萨。

顾客:你怎么知道我会喜欢吃这种比萨?

客服:您上星期一在国家图书馆借了一本《低脂健康食谱》。

顾客:好。那我要一个家庭特大号比萨,要付多少钱?

客服:99元,这个足够您一家六口吃了。但您母亲应该少吃,她上个月刚做了心脏搭桥手术,还处在恢复期。

顾客:我可以刷卡付费吗?

客服:陈先生,对不起。请您付现款,因为您的信用卡已经刷爆了,您现在还欠银行4807元,而且还不包括房贷利息。

顾客:那我先去附近的提款机提款吧。

客服：陈先生，根据您的记录，您已经超过今日提款限额。

顾客：算了，你们直接把比萨送到我家吧，家里有现金。你们多久能送到？

客服：大约30分钟。如果您不想等，可以自己骑车来。

顾客：为什么？

客服：根据我们的CRM全球定位系统的车辆行驶自动跟踪系统记录，您登记有一辆车号为SB-748的摩托车，而且目前您正在解放路东段华联商场右侧骑着这辆摩托车。

顾客当即晕倒。

读完这个段子，给我们的第一印象自然是大数据很好玩。但是，这也告诉我们大数据给我们的生活带来了很多便利，从客服人员的服务里我们也感受到了企业服务的"无微不至"。其实，从这个层面上讲，大数据为提高服务行业的服务水平、服务效率做出了贡献；从更高层面去理解，大数据实现了传统服务业的升级。而事实上，大数据的魅力不仅仅是服务行业，未来几年甚至当下，大数据已经不断植入各行各业，让更多的传统产业具备了转型升级的可能。也可能有人提出这样的疑问：我的住宅地址、电话号码、健康状况是我的个人隐私，怎么能随意让他人获取呢？但是，我们的这些所谓个人隐私，如果不被作为非法利用而是让我们的生活更加便利、更具品质，也就未尝不可。这些所谓隐私，隐起来又有什么用处呢？是的，假设让一些不该知道的人知道，这些所谓隐私的暴露会让我们不胜其烦，但是我们国家已经在制定大数据行动纲要，其中一个重要的内容就是数据信息安全，况且这些数据信息仅仅是大数据的冰山一角。

一、什么是大数据

言归正传，下面我们介绍一下到底什么是大数据。国际数据公司界定了大数据的四大特征：海量的数据规模（vast）、快速的数据流转和动态的数据体系（velocity）、多样的数据类型（variety）和巨大的数据价值（value）。这也是我们在很多大数据报刊、图书、网络上看到的所谓4V大数据概念。

从经济学的角度看，大数据是经过系统整理，储存在现实或虚拟空间里，能够提供一定价值的信息资源；狭义到会计学的层面，这些信息资源是大数据企业或大数据研究机构通过过去交易或事项合法取得，能够拥有或控制，并可以带来经济利益的资产。

本书认可关于大数据的 4V 特征,同时将大数据定义为信息资源,并认定其为一项资产。当然,认定大数据为资产是需要建立在大数据企业、政府部门、高校团体、研究机构经过数字、信息、数字化、信息化、数据化、大数据化到大数据资产的过程中进而发挥其价值的基础上的。

从海量的数据规模来看,根据报道,全球 IP 流量达到 1 EB 所需的时间,在 2001 年是 1 年,在 2013 年仅为 1 天,到 2016 年则仅为半天。全球新产生的数据年增 40%,全球信息总量每两年就可翻番。而根据 2012 年互联网络数据中心发布的《数字宇宙 2020》报告,2011 年全球数据总量已达到 1.87 ZB(1 ZB = 10 万亿亿字节),如果把这些数据刻成 DVD 盘,将这些盘一张接一张排起来的长度相当于从地球到月亮之间一个来回的距离,并且数据以每两年翻一番的速度飞快增长。由此看来,大数据真够"大"的。预计到 2020 年,全球数据总量将达到 35 ~ 40 ZB,10 年间将增长 20 倍以上。

事实上,所谓大数据并不仅仅指数据海量,而更多的是指这些数据都是非结构化的、残缺的、无法用传统的方法进行处理的数据。也正是因为应用了大数据技术,美国谷歌公司才能比政府的公共卫生部门早两周时间预告 2009 年甲型 H1N1 流感的暴发。也就是说,大数据需要量化并进行不断的开发、分析和应用。大数据需要量化而不是数字化。所谓量化是指从错综复杂的大量数据中不断地提取、整理,把现象转变成为可以分析应用的形式。笔者想给大家说的就是大数据好玩,但不是用来玩的;大数据有用,应该体现其价值所在。

大数据将带来前所未有的变革,这也是我们说大数据的到来使我们进入大数据时代的原因。就像电力技术的应用不仅仅像发电、输电那么简单而是引发了整个生产模式的变革一样,基于互联网技术而发展起来的"大数据"应用,将会对人们的生产过程和商品交换过程产生颠覆性影响,数据的挖掘和分析只是整个变革过程中的一个技术手段,而远非变革的全部。"大数据"的本质是基于互联网基础上的信息化应用,其真正的"魔力"在于信息化与工业化的融合,使工业制造的生产效率得到大幅度提升。那么,信息化与工业化的融合就恰恰是我们"中国制造 2025"的精髓,因此我们后面的章节还会和大家一起研究大数据在行业变革中的应用。

大数据并不能生产出新的物质产品,也不能创造出新的市场需求,但能够让生产力大幅度提升。正如《大数据时代：生活、工作与思维的大变革》作者肯尼思·库克耶和维克托·迈尔－舍恩伯格指出的那样，数据的方式出现了三个变化：第一，人们处理的数据从样本数据变成了全部数据；第二，由于是全样本数据，人们不得不接受数据的混杂性，而放弃对精确性的追求；第三，人类通过对大数据的处理，放弃对因果关系的渴求，转而关注相互联系。这一切代表着人类不再总是抱有试图了解世界运转方式背后深层原因的态度，而仅仅需要弄清现象之间的联系以及利用这些信息来解决问题。

二、大数据在国家层面的认可

在 2016 中国大数据产业峰会上，面对 3 000 多位海内外嘉宾，国务院总理李克强发表了重要讲话，高度认可信息技术为全球发展带来的助力作用，同时将大数据誉为"钻石矿"，并从三个层面深度分析了大数据技术给社会经济带来的关键意义。

（一）推动信息联通

总理开篇谈到，当今世界，信息化潮流席卷全球，地球村从概念变成现实，大数据在其中起了关键作用。

随着互联网、移动互联网产业的快速发展，信息的快速流通与交互拉近了人与人之间的距离。国家之间的快速联通，使得"地球村"的概念快速落地。这其中，大数据的助力作用不容忽视。

"谁掌握了先机，谁就掌握了未来。"总理认为，中国曾经有过与世界科技革命失之交臂的教训。当下随着创新技术的快速发展，所有国家和地区只要通过努力，都可以站在同一条起跑线上，以前落后的地方同样可以抢占先机。

一些欠发达的地方，能够跃上这个高地，依靠大数据、云计算、物联网所代表的新一代创新技术，将发展新经济作为主要方向，从依赖自然资源到依赖人力资源，实现可持续发展。中国有 14 亿人口，我们有发展压力，但是把压力变成资源后，压力就是潜力。数十亿人都在生成数据、加工数据、处理数据，数据将成为巨大的新资源。

（二）实现产业变革

创新技术的快速迭代，带来了新兴产业的兴起。近年来，中国在互联网与移动互联网领域的技术发展与商业模式的创新,实现了对欧美国家的赶超,与互联网相关的产业都在高速发展。

伴随着国家"互联网+"战略的逐步深入,传统产业转型升级的步伐也在不断向前迈进。总理指出,这其中大数据带来了深刻影响,同时带动了产业变革。以货运行业为例,有一家货运企业拥有会员货车170多万辆,通过大数据技术进行信息收集、数据交互,大大降低了空驶率。把大数据与传统行业的工匠精神结合起来,就能融合虚拟世界和现实世界,实现新旧动能转换,实现价值链、产业链和供应链的变革。

(三)带动经济增长

总理指出,今天的中国,完全可以把握住历史发展的机遇,推进供给侧改革,不断提升劳动生产力,通过发展新经济推动产业转型升级。

数据可以比作钻石矿,应把互不相连的信息孤岛连接起来。总理认为,也正因为有共享,数据才能无限放大。共享经济正作为新的经济增长点,带动中国经济进入一个新的发展周期。"共享经济可以利用闲置资源和过剩产能,提高效率,缩小区域、城乡、人群之间的差距和数字鸿沟。"

目前80%的信息资源掌握在政府部门手中,政府就要发挥作用,打破信息孤岛,除涉及隐私之外,其他信息都应该向公众和社会开放,形成"人在干,数在转,云在算"的局面。

第二节 大数据的时代脉搏

大数据在中国的发展,经历了前期的基础认识、理论研究阶段,后期的大数据市场渗透阶段,目前进入产业初期应用阶段。从产业经济学的角度看,目前大数据产业仍然处在初期阶段。在这样一个阶段,作为一个产业的形成,首先需要深入地开展更高层次的大数据理论研究;其次需要培养大数据人才和大数据从业人员;再次要建立大数据产业机制,完善大数据产业政策;第四应构建大数据产业集群,扩大大数据产业规模。

十多年前,大数据已经进入中国的理论界的视野并有人开始研究,典型的大数据产品和服务也已经开始崭露头角。互联网对大数据的应用率先落地。

紧接着，也就是在几年前，大数据的概念迅速普及，引起了资本市场的密切关注，一些拥有数据信息资产的企业已经开始谋求利用大数据进行产业转型升级。伴随着中国近两年"互联网+"概念的推出和"大众创业、万众创新"发展策略的实施，大数据应用最为广泛的还是商品流通行业，它们利用大数据进行市场细分，逐步获得差异化竞争的先机；进而，大数据应用向交通、物流、医疗、体育、传统服务业甚至农业等领域渗透。

一、大数据发展的脉络

大数据的特征是数据信息量巨大、数据类型多样化、时效性强、真实性差。所以在大数据发展的过程中，面对庞大、多样的数据信息如何进行数据分析整理，面对转瞬即逝的时效性"财富"如何迅速识别是"财富"还是"误导"，这些成为大数据发展与应用所面临的挑战。

某报道称，目前全球教育、交通、消费、电力、能源、健康、金融等七个大数据重点应用领域，大数据应用价值在3万亿～5万亿美元。因此，世界各国都对大数据发展高度重视。美国制定了《大数据发展研究和发展计划》，欧盟出台了《数据价值链战略计划》，英国实施了《英国数据能力发展战略规划》，亚洲的日本和韩国则分别颁布了《创建最尖端IT国家宣言》和《大数据中心战略》。

中国在2015年"两会"期间提出"互联网+"的概念，紧接着制定了《"互联网+"行动计划》；同时，积极筹划、编制"软件与大数据产业十三五规划"和推进"云计算与大数据体系建设"；2015年7月国务院办公厅下发了运用大数据加强对市场主体服务和监管的若干意见。

附：国务院办公厅关于运用大数据加强对市场主体服务和监管的若干意见

国务院办公厅关于运用大数据
加强对市场主体服务和监管的若干意见

国办发〔2015〕51号

各省、自治区、直辖市人民政府，国务院各部委、各直属机构：

为充分运用大数据先进理念、技术和资源，加强对市场主体的服务和监管，推进简政放权和政府职能转变，提高政府治理能力，经国务院同意，现提出以下意见。

一、充分认识运用大数据加强对市场主体服务和监管的重要性

简政放权和工商登记制度改革措施的稳步推进，降低了市场准入门槛，简化了登记手续，激发了市场主体活力，有力带动和促进了就业。为确保改革措施顺利推进、取得实效，一方面要切实加强和改进政府服务，充分保护创业者的积极性，使其留得下、守得住、做得强；另一方面要切实加强和改进市场监管，在宽进的同时实行严管，维护市场正常秩序，促进市场公平竞争。

当前，市场主体数量快速增长，市场活跃度不断提升，全社会信息量爆炸式增长，数量巨大、来源分散、格式多样的大数据对政府服务和监管能力提出了新的挑战，也带来了新的机遇。既要高度重视信息公开和信息流动带来的安全问题，也要充分认识推进信息公开、整合信息资源、加强大数据运用对维护国家统一、提升国家治理能力、提高经济社会运行效率的重大意义。充分运用大数据的先进理念、技术和资源，是提升国家竞争力的战略选择，是提高政府服务和监管能力的必然要求，有利于政府充分获取和运用信息，更加准确地了解市场主体需求，提高服务和监管的针对性、有效性；有利于顺利推进简政放权，实现放管结合，切实转变政府职能；有利于加强社会监督，发挥公众对规范市场主体行为的积极作用；有利于高效利用现代信息技术、社会数据资源和社会化的信息服务，降低行政监管成本。国务院有关部门和地方各级人民政府要结合工作实际，在公共服务和市场监管中积极稳妥、充分有效、安全可靠地运用大数据等现代信息技术，不断提升政府治理能力。

二、总体要求

（一）指导思想

全面贯彻落实党的十八大和十八届二中、三中、四中全会精神，按照党中央、国务院决策部署，围绕使市场在资源配置中起决定性作用和更好发挥政府作用，推进简政放权和政府职能转变，以社会信用体系建设和政府信息公开、数据开放为抓手，充分运用大数据、云计算等现代信息技术，提高政府服务水平，加强事中事后监管，维护市场正常秩序，促进市场公平竞争，释放市场主体活力，进一步优化发展环境。

（二）主要目标

提高大数据运用能力，增强政府服务和监管的有效性。高效采集、有效整合、充分运用政府数据和社会数据，健全政府运用大数据的工作机制，将运用大

数据作为提高政府治理能力的重要手段,不断提高政府服务和监管的针对性、有效性。

推动简政放权和政府职能转变,促进市场主体依法诚信经营。运用大数据提高政府公共服务能力,加强对市场主体的事中事后监管,为推进简政放权和政府职能转变提供基础支撑。以国家统一的信用信息共享交换平台为基础,运用大数据推动社会信用体系建设,建立跨地区、多部门的信用联动奖惩机制,构建公平诚信的市场环境。

提高政府服务水平和监管效率,降低服务和监管成本。充分运用大数据的理念、技术和资源,完善对市场主体的全方位服务,加强对市场主体的全生命周期监管。根据服务和监管需要,有序推进政府购买服务,不断降低政府运行成本。

政府监管和社会监督有机结合,构建全方位的市场监管体系。通过政府信息公开和数据开放、社会信息资源开放共享,提高市场主体生产经营活动的透明度。有效调动社会力量监督市场主体的积极性,形成全社会广泛参与的市场监管格局。

三、运用大数据提高为市场主体服务水平

(三)运用大数据创新政府服务理念和服务方式

充分运用大数据技术,积极掌握不同地区、不同行业、不同类型企业的共性、个性化需求,在注册登记、市场准入、政府采购、政府购买服务、项目投资、政策动态、招标投标、检验检测、认证认可、融资担保、税收征缴、进出口、市场拓展、技术改造、上下游协作配套、产业联盟、兼并重组、培训咨询、成果转化、人力资源、法律服务、知识产权等方面主动提供更具针对性的服务,推动企业可持续发展。

(四)提高注册登记和行政审批效率

加快建立公民、法人和其他组织统一社会信用代码制度。全面实行工商营业执照、组织机构代码证和税务登记证"三证合一"、"一照一码"登记制度改革,以简化办理程序、方便市场主体、减轻社会负担为出发点,做好制度设计。鼓励建立多部门网上项目并联审批平台,实现跨部门、跨层级项目审批、核准、备案的"统一受理、同步审查、信息共享、透明公开"。运用大数据推动行政管理流程优化再造。

（五）提高信息服务水平

鼓励政府部门利用网站和微博、微信等新兴媒体，紧密结合企业需求，整合相关信息为企业提供服务，组织开展企业与金融机构融资对接、上下游企业合作对接等活动。充分发挥公共信用服务机构作用，为司法和行政机关、社会信用服务机构、社会公众提供基础性、公共性信用记录查询服务。

（六）建立健全守信激励机制

在市场监管和公共服务过程中，同等条件下，对诚实守信者实行优先办理、简化程序等"绿色通道"支持激励政策。在财政资金补助、政府采购、政府购买服务、政府投资工程建设招投标过程中，应查询市场主体信用记录或要求其提供由具备资质的信用服务机构出具的信用报告，优先选择信用状况较好的市场主体。

（七）加强统计监测和数据加工服务

创新统计调查信息采集和挖掘分析技术。加强跨部门数据关联比对分析等加工服务，充分挖掘政府数据价值。根据宏观经济数据、产业发展动态、市场供需状况、质量管理状况等信息，充分运用大数据技术，改进经济运行监测预测和风险预警，并及时向社会发布相关信息，合理引导市场预期。

（八）引导专业机构和行业组织运用大数据完善服务

发挥政府组织协调作用，在依法有序开放政府信息资源的基础上，制定切实有效的政策措施，支持银行、证券、信托、融资租赁、担保、保险等专业服务机构和行业协会、商会运用大数据更加便捷高效地为企业提供服务，支持企业发展。支持和推动金融信息服务企业积极运用大数据技术开发新产品，切实维护国家金融信息安全。

（九）运用大数据评估政府服务绩效

综合利用政府和社会信息资源，委托第三方机构对政府面向市场主体开展公共服务的绩效进行综合评估，或者对具体服务政策和措施进行专项评估，并根据评估结果及时调整和优化，提高各级政府及其部门施政和服务的有效性。

四、运用大数据加强和改进市场监管

（十）健全事中事后监管机制

创新市场经营交易行为监管方式，在企业监管、环境治理、食品药品安全、消费安全、安全生产、信用体系建设等领域，推动汇总整合并及时向社会公开有关市场监管数据、法定检验监测数据、违法失信数据、投诉举报数据和企业依法依规应公开的数据,鼓励和引导企业自愿公示更多生产经营数据、销售物流数据等,构建大数据监管模型,进行关联分析,及时掌握市场主体经营行为、规律与特征,主动发现违法违规现象,提高政府科学决策和风险预判能力,加强对市场主体的事中事后监管。对企业的商业轨迹进行整理和分析,全面、客观地评估企业经营状况和信用等级,实现有效监管。建立行政执法与司法、金融等信息共享平台,增强联合执法能力。

(十一)建立健全信用承诺制度

全面建立市场主体准入前信用承诺制度,要求市场主体以规范格式向社会作出公开承诺,违法失信经营后将自愿接受约束和惩戒。信用承诺纳入市场主体信用记录,接受社会监督,并作为事中事后监管的参考。

(十二)加快建立统一的信用信息共享交换平台

以社会信用信息系统先导工程为基础,充分发挥国家人口基础信息库、法人单位信息资源库的基础作用和企业信用信息公示系统的依托作用,建立国家统一的信用信息共享交换平台,整合金融、工商登记、税收缴纳、社保缴费、交通违法、安全生产、质量监管、统计调查等领域信用信息,实现各地区、各部门信用信息共建共享。具有市场监管职责的部门在履职过程中应准确采集市场主体信用记录,建立部门和行业信用信息系统,按要求纳入国家统一的信用信息共享交换平台。

(十三)建立健全失信联合惩戒机制

各级人民政府应将使用信用信息和信用报告嵌入行政管理和公共服务的各领域、各环节,作为必要条件或重要参考依据。充分发挥行政、司法、金融、社会等领域的综合监管效能,在市场准入、行政审批、资质认定、享受财政补贴和税收优惠政策、企业法定代表人和负责人任职资格审查、政府采购、政府购买服务、银行信贷、招标投标、国有土地出让、企业上市、货物通关、税收征缴、社保缴费、外汇管理、劳动用工、价格制定、电子商务、产品质量、食品药品安全、消费品安全、知识产权、环境保护、治安管理、人口管理、出入境管理、授予荣誉称号等方面,建立跨部门联动响应和失信约束机制,对违法失信主体依法予以限制或禁入。建立各行业"黑名单"制度和市场退出机制。推动将申请人良好的信用状况作为各类行政许可的必备条件。

(十四)建立产品信息溯源制度

对食品、药品、农产品、日用消费品、特种设备、地理标志保护产品等关系人民群众生命财产安全的重要产品加强监督管理,利用物联网、射频识别等信息技术,建立产品质量追溯体系,形成来源可查、去向可追、责任可究的信息链条,方便监管部门监管和社会公众查询。

(十五)加强对电子商务领域的市场监管

明确电子商务平台责任,加强对交易行为的监督管理,推行网络经营者身份标识制度,完善网店实名制和交易信用评价制度,加强网上支付安全保障,严厉打击电子商务领域违法失信行为。加强对电子商务平台的监督管理,加强电子商务信息采集和分析,指导开展电子商务网站可信认证服务,推广应用网站可信标识,推进电子商务可信交易环境建设。健全权益保护和争议调处机制。

(十六)运用大数据科学制定和调整监管制度和政策

在研究制定市场监管制度和政策过程中,应充分运用大数据,建立科学合理的仿真模型,对监管对象、市场和社会反应进行预测,并就可能出现的风险提出处置预案。跟踪监测有关制度和政策的实施效果,定期评估并根据需要及时调整。

(十七)推动形成全社会共同参与监管的环境和机制

通过政府信息公开和数据开放、社会信息资源开放共享,提高市场主体生产经营活动的透明度,为新闻媒体、行业组织、利益相关主体和消费者共同参与对市场主体的监督创造条件。引导有关方面对违法失信者进行市场性、行业性、社会性约束和惩戒,形成全社会广泛参与的监管格局。

五、推进政府和社会信息资源开放共享

(十八)进一步加大政府信息公开和数据开放力度

除法律法规另有规定外,应将行政许可、行政处罚等信息自作出行政决定之日起7个工作日内上网公开,提高行政管理透明度和政府公信力。提高政府数据开放意识,有序开放政府数据,方便全社会开发利用。

(十九)大力推进市场主体信息公示

严格执行《企业信息公示暂行条例》,加快实施经营异常名录制度和严重违法失信企业名单制度。建设国家企业信用信息公示系统,依法对企业注册登记、行政许可、行政处罚等基本信用信息以及企业年度报告、经营异常名录和严重违法失信企业名单进行公示,提高市场透明度,并与国家统一的信用信息共享交换平台实现有机对接和信息共享。支持探索开展社会化的信用信息公示服务。建设"信用中国"网站,归集整合各地区、各部门掌握的应向社会公开的信用信息，实现信用信息一站式查询，方便社会了解市场主体信用状况。各级政府及其部门网站要与"信用中国"网站连接，并将本单位政务公开信息和相关市场主体违法违规信息在"信用中国"网站公开。

（二十）积极推进政府内部信息交换共享

打破信息的地区封锁和部门分割，着力推动信息共享和整合。各地区、各部门已建、在建信息系统要实现互联互通和信息交换共享。除法律法规明确规定外，对申请立项新建的部门信息系统，凡未明确部门间信息共享需求的，一概不予审批；对在建的部门信息系统，凡不能与其他部门互联共享信息的，一概不得通过验收；凡不支持地方信息共享平台建设、不向地方信息共享平台提供信息的部门信息系统，一概不予审批或验收。

（二十一）有序推进全社会信息资源开放共享

支持征信机构依法采集市场交易和社会交往中的信用信息，支持互联网企业、行业组织、新闻媒体、科研机构等社会力量依法采集相关信息。引导各类社会机构整合和开放数据，构建政府和社会互动的信息采集、共享和应用机制，形成政府信息与社会信息交互融合的大数据资源。

六、提高政府运用大数据的能力

（二十二）加强电子政务建设

健全国家电子政务网络，整合网络资源，实现互联互通，为各级政府及其部门履行职能提供服务。加快推进国家政务信息化工程建设，统筹建立人口、法人单位、自然资源和空间地理、宏观经济等国家信息资源库，加快建设完善国家重要信息系统，提高政务信息化水平。

（二十三）加强和规范政府数据采集

建立健全政府大数据采集制度，明确信息采集责任。各部门在履职过程中，要依法及时、准确、规范、完整地记录和采集相关信息，妥善保存并及时更新。加强对市场主体相关信息的记录，形成信用档案，对严重违法失信的市场主体，按照有关规定列入"黑名单"并公开曝光。

（二十四）建立政府信息资源管理体系

全面推行政府信息电子化、系统化管理。探索建立政府信息资源目录。在战略规划、管理方式、技术手段、保障措施等方面加大创新力度，增强政府信息资源管理能力，充分挖掘政府信息资源价值。鼓励地方因地制宜统一政府信息资源管理力量,统筹推进政府信息资源的建设、管理和开发利用。

(二十五)加强政府信息标准化建设和分类管理

建立健全政府信息化建设和政府信息资源管理标准体系。严格区分涉密信息和非涉密信息,依法推进政府信息在采集、共享、使用等环节的分类管理,合理设定政府信息公开范围。

(二十六)推动政府向社会力量购买大数据资源和技术服务

各地区、各部门要按照有利于转变政府职能、有利于降低行政成本、有利于提升服务质量水平和财政资金效益的原则,充分发挥市场机构在信息基础设施建设、信息技术、信息资源整合开发和服务等方面的优势,通过政府购买服务、协议约定、依法提供等方式,加强政府与企业合作,为政府科学决策、依法监管和高效服务提供支撑保障。按照规范、安全、经济的要求,建立健全政府向社会力量购买信息产品和信息技术服务的机制,加强采购需求管理和绩效评价。加强对所购买信息资源准确性、可靠性的评估。

七、积极培育和发展社会化征信服务

(二十七)推动征信机构建立市场主体信用记录

支持征信机构与政府部门、企事业单位、社会组织等深入合作,依法开展征信业务,建立以自然人、法人和其他组织为对象的征信系统,依法采集、整理、加工和保存在市场交易和社会交往活动中形成的信用信息,采取合理措施保障信用信息的准确性,建立起全面覆盖经济社会各领域、各环节的市场主体信用记录。

(二十八)鼓励征信机构开展专业化征信服务

引导征信机构根据市场需求,大力加强信用服务产品创新,提供专业化的征信服务。建立健全并严格执行内部风险防范、避免利益冲突和保障信息安全的规章制度,依法向客户提供便捷高效的征信服务。进一步扩大信用报告在行政管理和公共服务及银行、证券、保险等领域的应用。

(二十九)大力培育发展信用服务业

鼓励发展信用咨询、信用评估、信用担保和信用保险等信用服务业。对符合条件的信用服务机构,按有关规定享受国家和地方关于现代服务业和高新技术产业的各项优惠政策。加强信用服务市场监管,进一步提高信用服务行业的市场公信力和社会影响力。支持鼓励国内有实力的信用服务机构参与国际合作,拓展国际市场,为我国企业实施海外并购、国际招投标等提供服务。

八、健全保障措施,加强组织领导

(三十)提升产业支撑能力

进一步健全创新体系,鼓励相关企业、高校和科研机构开展产学研合作,推进大数据协同融合创新,加快突破大规模数据仓库、非关系型数据库、数据挖掘、数据智能分析、数据可视化等大数据关键共性技术,支持高性能计算机、存储设备、网络设备、智能终端和大型通用数据库软件等产品创新。支持企事业单位开展大数据公共技术服务平台建设。鼓励具有自主知识产权和技术创新能力的大数据企业做强做大。推动各领域大数据创新应用,提升社会治理、公共服务和科学决策水平,培育新的增长点。落实和完善支持大数据产业发展的财税、金融、产业、人才等政策,推动大数据产业加快发展。

(三十一)建立完善管理制度

处理好大数据发展、服务、应用与安全的关系。加快研究完善规范电子政务,监管信息跨境流动,保护国家经济安全、信息安全,以及保护企业商业秘密、个人隐私方面的管理制度,加快制定出台相关法律法规。建立统一社会信用代码制度。建立健全各部门政府信息记录和采集制度。建立政府信息资源管理制度,加强知识产权保护。加快出台关于推进公共信息资源开放共享的政策意见。制定政务信用信息公开共享办法和信息目录。推动出台相关法规,对政府部门在行政管理、公共服务中使用信用信息和信用报告作出规定,为联合惩戒市场主体违法失信行为提供依据。

(三十二)完善标准规范

建立大数据标准体系,研究制定有关大数据的基础标准、技术标准、应用标准和管理标准等。加快建立政府信息采集、存储、公开、共享、使用、质量保障和安全管理的技术标准。引导建立企业间信息共享交换的标准规范,促进信息资源开发利用。

(三十三)加强网络和信息安全保护

落实国家信息安全等级保护制度要求,加强对涉及国家安全重要数据的管理,加强对大数据相关技术、设备和服务提供商的风险评估和安全管理。加大网络和信息安全技术研发和资金投入,建立健全信息安全保障体系。采取必要的管理和技术手段,切实保护国家信息安全以及公民、法人和其他组织信息安全。

（三十四）加强人才队伍建设

鼓励高校、人力资源服务机构和企业重点培养跨界复合型、应用创新型大数据专业人才，完善大数据技术、管理和服务人才培养体系。加强政府工作人员培训，增强运用大数据能力。

（三十五）加强领导，明确分工

各地区、各部门要切实加强对大数据运用工作的组织领导，按照职责分工，研究出台具体方案和实施办法，做好本地区、本部门的大数据运用工作，不断提高服务和监管能力。

（三十六）联系实际，突出重点

紧密结合各地区、各部门实际，整合数据资源为社会、政府、企业提供服务。在工商登记、统计调查、质量监管、竞争执法、消费维权等领域率先开展大数据示范应用工程，实现大数据汇聚整合。在宏观管理、税收征缴、资源利用与环境保护、食品药品安全、安全生产、信用体系建设、健康医疗、劳动保障、教育文化、交通旅游、金融服务、中小企业服务、工业制造、现代农业、商贸物流、社会综合治理、收入分配调节等领域实施大数据示范应用工程。

各地区、各部门要加强对本意见落实工作的监督检查，推动在服务和监管过程中广泛深入运用大数据。发展改革委负责对本意见落实工作的统筹协调、跟踪了解、督促检查，确保各项任务和措施落实到位。

国务院办公厅
2015 年 6 月 24 日

附件：重点任务分工及进度安排表

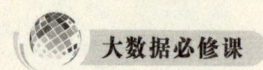

重点任务分工及进度安排表

序号	工作任务	负责单位	时间进度
1	加快建立公民、法人和其他组织统一社会信用代码制度。	发展改革委、中央编办、公安部、民政部、人民银行、税务总局、工商总局、质检总局	2015年12月底前出台并实施
2	全面实行工商营业执照、组织机构代码证和税务登记证"三证合一"、"一照一码"登记制度改革。	工商总局、中央编办、发展改革委、质检总局、税务总局	2015年12月底前实施
3	建立多部门网上项目并联审批平台,实现跨部门、跨层级项目审批、核准、备案的"统一受理、同步审查、信息共享、透明公开"。	发展改革委会同有关部门	2015年12月底前完成
4	推动政府部门整合相关信息,紧密结合企业需求,利用网站和微博、微信等新兴媒体为企业提供服务。	网信办、工业和信息化部	持续实施
5	研究制定在财政资金补助、政府采购、政府购买服务、政府投资工程建设招投标过程中使用信用信息和信用报告的政策措施。	财政部、发展改革委	2015年12月底前出台并实施
6	充分运用大数据技术,改进经济运行监测预测和风险预警,并及时向社会发布相关信息,合理引导市场预期。	发展改革委、统计局	持续实施
7	支持银行、证券、信托、融资租赁、担保、保险等专业服务机构和行业协会、商会运用大数据为企业提供服务。	人民银行、银监会、证监会、保监会、民政部	持续实施
8	健全事中事后监管机制,汇总整合和关联分析有关数据,构建大数据监管模型,提升政府科学决策和风险预判能力。	各市场监管部门	2015年12月底前取得阶段性成果
9	在办理行政许可等环节全面建立市场主体准入前信用承诺制度。信用承诺向社会公开,并纳入市场主体信用记录。	各行业主管部门	2015年广泛开展试点,2017年12月底前完成
10	加快建设地方信用信息共享交换平台、部门和行业信用信息系统,通过国家统一的信用信息共享交换平台实现互联共享。	各省级人民政府,各有关部门	2016年12月底前完成
11	建立健全失信联合惩戒机制,将使用信用信息和信用报告嵌入行政管理和公共服务的各领域、各环节,作为必要条件或重要参考依据。在各领域建立跨部门联动响应和失信约束机制。建立各行业"黑名单"制度和市场退出机制。推动将申请人良好的信用状况作为各类行政许可的必备条件。	各有关部门,各省级人民政府	2015年12月底前取得阶段性成果

续表

序号	工作任务	负责单位	时间进度
12	建立产品信息溯源制度，加强对食品、药品、农产品、日用消费品、特种设备、地理标志保护产品等重要产品的监督管理，利用物联网、射频识别等信息技术，建立产品质量追溯体系，形成来源可查、去向可追、责任可究的信息链条。	商务部、网信办会同食品药品监管总局、农业部、质检总局、工业和信息化部	2015年12月底前出台并实施
13	加强对电子商务平台的监督管理，加强电子商务信息采集和分析，指导开展电子商务网站可信认证服务，推广应用网站可信标识，推进电子商务可信交易环境建设。健全权益保护和争议调处机制。	工商总局、商务部、网信办、工业和信息化部	持续实施
14	进一步加大政府信息公开和数据开放力度。除法律法规另有规定外，将行政许可、行政处罚等信息自作出行政决定之日起7个工作日内上网公开。	各有关部门，各省级人民政府	持续实施
15	加快实施经营异常名录制度和严重违法失信企业名单制度。建设国家企业信用信息公示系统，依法对企业注册登记、行政许可、行政处罚等基本信用信息以及企业年度报告、经营异常名录和严重违法失信企业名单进行公示，并与国家统一的信用信息共享交换平台实现有机对接和信息共享。	工商总局、其他有关部门，各省级人民政府	持续实施
16	支持探索开展社会化的信用信息公示服务。建设"信用中国"网站，归集整合各地区、各部门掌握的应向社会公开的信用信息，实现信用信息一站式查询，方便社会了解市场主体信用状况。各级政府及其部门网站要与"信用中国"网站连接，并将本单位政务公开信息和相关市场主体违法违规信息在"信用中国"网站公开。	发展改革委、人民银行、其他有关部门，地方各级人民政府	2015年12月底前完成
17	推动各地区、各部门已建、在建信息系统互联互通和信息交换共享。在部门信息系统项目审批和验收环节，进一步强化对信息共享的要求。	发展改革委、其他有关部门	持续实施
18	健全国家电子政务网络，加快推进国家政务信息化工程建设，统筹建立人口、法人单位、自然资源和空间地理、宏观经济等国家信息资源库，加快建设完善国家重要信息系统。	发展改革委、其他有关部门	分年度推进实施，2020年前基本建成

续表

序号	工作任务	负责单位	时间进度
19	加强对市场主体相关信息的记录，形成信用档案。对严重违法失信的市场主体，按照有关规定列入"黑名单"，并将相关信息纳入企业信用信息公示系统和国家统一的信用信息共享交换平台。	各有关部门	2015年12月底前实施
20	探索建立政府信息资源目录。	各有关部门	2016年12月底前出台目录编制指南
21	引导征信机构根据市场需求，大力加强信用服务产品创新，进一步扩大信用报告在行政管理和公共服务及银行、证券、保险等领域的应用。	发展改革委、人民银行、银监会、证监会、保监会	2017年12月底前取得阶段性成果
22	落实和完善支持大数据产业发展的财税、金融、产业、人才等政策，推动大数据产业加快发展。	发展改革委、工业和信息化部、财政部、人力资源社会保障部、人民银行、网信办、银监会、证监会、保监会	2017年12月底前取得阶段性成果
23	加快研究完善规范电子政务，监管信息跨境流动，保护国家经济安全、信息安全，以及保护企业商业秘密、个人隐私方面的管理制度，加快制定出台相关法律法规。	网信办、公安部、工商总局、工业和信息化部、发展改革委等部门会同法制办	2017年12月底前出台（涉及法律、行政法规的，按照立法程序推进）
24	推动出台相关法规，对政府部门在行政管理、公共服务中使用信用信息和信用报告作出规定，为联合惩戒市场主体违法失信行为提供依据。	发展改革委、人民银行、法制办	2017年12月底前出台（涉及法律、行政法规的，按照立法程序推进）
25	建立大数据标准体系，研究制定有关大数据的基础标准、技术标准、应用标准和管理标准等。加快建立政府信息采集、存储、公开、共享、使用、质量保障和安全管理的技术标准。引导建立企业间信息共享交换的标准规范。	工业和信息化部、国家标准委、发展改革委、质检总局、网信办、统计局	2020年前分步出台并实施
26	推动实施大数据示范应用工程，在工商登记、统计调查、质量监管、竞争执法、消费维权等领域率先开展示范应用工程，实现大数据汇聚整合。在宏观管理、税收征缴、资源利用与环境保护、食品药品安全、安全生产、信用体系建设、健康医疗、劳动保障、教育文化、交通旅游、金融服务、中小企业服务、工业制造、现代农业、商贸物流、社会综合治理、收入分配调节等领域实施大数据示范应用工程。	发展改革委、工业和信息化部、网信办会同有关部门	2020年前分年度取得阶段性成果

二、对大数据应用的洞察

洞察整个大数据产业链的各个环节,离不开大数据资源的基础设施,例如,采集设备的终端数据信息采集,无线、光感、线缆、移动通讯、网络等传输设备的传递。

大数据的存储、计算、分析技术,应该是大数据企业的核心。在这个环节里进行大数据的组织与管理、分析与发现,研究大数据的应用与服务领域及其运行方式。简单地讲,就是利用大数据分析技术让海量数据系统化、标准化,也可以通俗地称为"有用化"。当前,我国数据中心开始进入整合、升级、云化新阶段,提供托管式服务的数据中心进入产业升级的关键时期,该行业已经积极地由资源消耗型向应用服务型升级与转型,地方政府开始大力发展云计算和大数据产业。因此,大数据存储中心正在以大数据平台服务为导向发展大数据的应用。那么,对于大数据计算技术来讲,基础软件、应用软件就是大数据产业价值转化变现的最关键部分。云计算对大数据的广泛应用具有非常重大的意义,所以云计算强势突破成为大数据计算技术发展的大势所趋。

从大数据企业的角度看,最后一个环节是依托大数据应用服务平台或者软件,通过传统数据信息化和IT端口接入或者数据资讯、分析报告等虚拟、纸质形式,植入各应用行业或产业。目前我们能够洞察到的大数据应用领域,几乎触及着每一个行业,大数据的应用实例更是不胜枚举,例如智能家居、智能建筑、智慧交通、智慧城市、大数据医疗、大数据金融、消费分析、"工业4.0"倡导下的智能制造和智慧工厂、"中国制造2025目标"中的两化深度融合等。关于大数据的应用,在本书基础阶段中不做详细阐述。

第二章
大数据与"工业4.0"

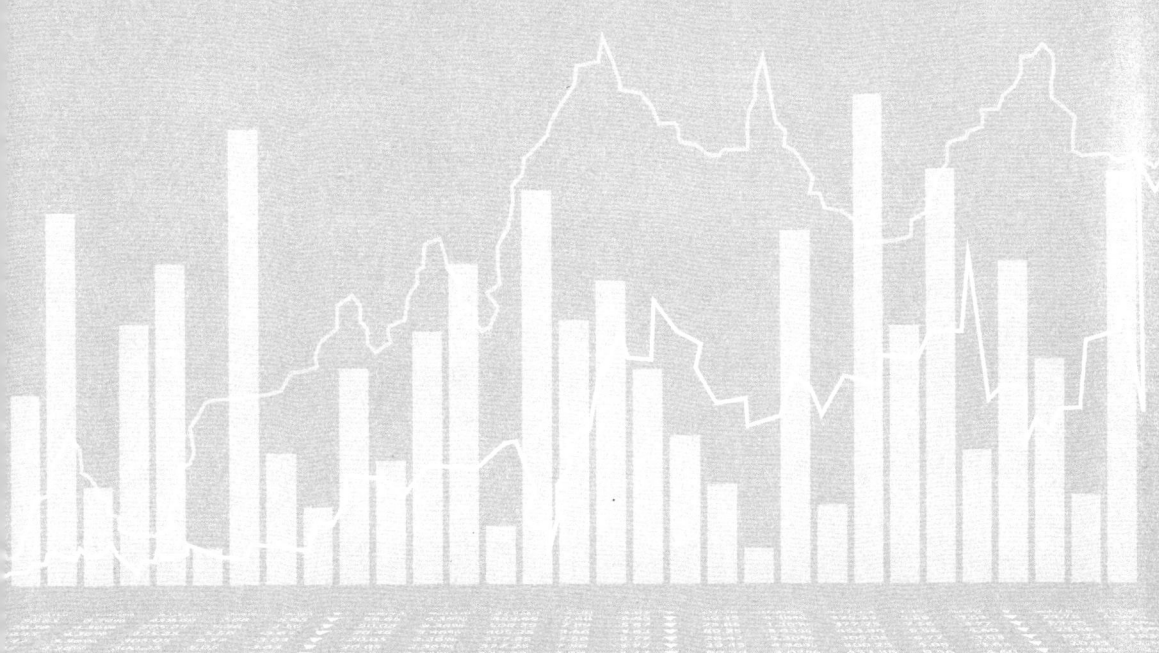

1765年珍妮纺纱机的发明标志着第一次工业革命的开始。19世纪中期，经济社会从以农业、手工业为基础转化为以工业和机械制造为主带动经济发展的方式。这次工业革命的标志是瓦特改良的蒸汽机的广泛使用。蒸汽机的改良与使用不仅体现在纺织工业，而且体现在机械制造业，这对整个工业化来说是一个巨大的推动，也为交通运输业的发展掀开了新的篇章，1814年史蒂芬孙制造的蒸汽机车的问世，更使得交通运输业获得了飞跃性发展。火车的一声长鸣，向全世界宣告了铁路时代的到来。

这一时期如今被称作"工业1.0"。

1866年德国人西门子制成发电机标志着第二次工业革命的开始，人类开始进入电气时代，这一时代在信息革命、资讯革命中达到顶峰。到20世纪初，人们已经开始广泛使用电灯、电话、汽车、轮船，甚至还有以内燃机为动力的飞机。

这一时期我们可以称作"工业2.0"。

1957年前苏联发射了世界上第一颗人造地球卫星，开创了空间技术发展的新纪元，标志着第三次工业革命的开始。第三次工业革命是人类文明史上继蒸汽技术革命和电力技术革命之后科技领域里的又一次重大突破。计算机技术迅猛发展，发射卫星，原子弹爆炸，人类登月，这些是近现代以来科学技术上的第三次大突破，工业革命进入一个新的发展时期。

第三次工业革命时期，从排序上称作"工业3.0"。

"工业4.0"概念源于2011年汉诺威工业博览会，德国业界提出的"工业4.0"是想通过物联网等技术应用来提高德国制造业水平。随后，德国成立了"工业4.0工作组"，并于2013年4月发布了《保障德国制造业的未来：关于实施"工业4.0"战略的建议》的报告。因此，第四次工业革命按照"工业4.0"的概念来说，应该始于德国。

第一节 "工业4.0"剖析

"工业4.0"的概念包含了由集中式控制向分散式增强型控制的基本模式转变,目标是建立一个高度灵活的个性化和数字化的产品与服务生产模式。在这种模式中,传统的行业界限将消失,并会产生各种新的活动领域和合作形式;创造新价值的过程正在发生改变,产业链分工将被重组。

德国学术界和产业界认为,"工业4.0"的概念即是以智能制造为主导的革命性的生产战略。该战略旨在通过充分利用信息通信技术和网络空间虚拟系统即信息物理系统相结合的手段,将制造业向智能化转型。

一、为什么会出现"工业4.0"

"工业4.0"在这么短的时间内在德国得到广泛认同,有其偶然性也有其必然性,这种认识来自于德国长期以来把工业作为国家经济的基石,来自于信息通信技术给工业带来的革命性影响,也来自于新一轮科技革命对德国工业地位的冲击。

(一)危机意识催生"工业4.0"

德国是传统的科技工业强国,但是在新一轮产业技术革命中,传统的竞争优势受到了来自各方面的挑战,一部分新兴产业成长乏力,各界对德国未来发展表现出某种忧虑。

1. 对新兴产业创新能力的忧虑

信息通信技术是全球新一轮产业变革中最具活力的技术,德国各界的普遍共识使德国乃至整个欧洲丧失了全球信息通信产业发展的机遇。在全球产业创新最活跃的互联网领域,全球市值最大的20个互联网企业中没有欧洲企业,欧洲的互联网市场基本被美国企业垄断,德国企业的数据由美国硅谷的四大科技把持。全球通信产业蓬勃发展,但欧洲企业节节败退,仅有少数企业在苦苦支撑。欧洲的集成电路公司纷纷转型为设计企业,并不断从消费市场退出。当前,美国的互联网与传统制造业领导厂商携手,GE、思科、IBM、AT&T、英特尔等80多家企业成立了工业互联网联盟,重新定义制造业的未来,并在技术、标准、产业化等方面做出一系列前瞻性布局。欧洲及德国对新兴产业创新能力及对未来发展前景表现出了一种深深的忧虑。

2. 对传统产业竞争优势的忧虑

德国传统工业在全球的竞争优势仍十分突出,但是在新一代信息技术与工业加速融合,产品、装备、工艺、服务智能化步伐不断加快的背景下德国能否跟上时代发展的潮流?对此,德国各界都有深刻的危机意识。德国总理默克尔指出,目前90%的创新在欧洲之外产生,欧洲不能错失下一代工业技术变革的机会。默克尔同时对德国的制造业能否及时地与现代信息和通信技术实现对接,保障德国制造业在世界上的领先地位表示担忧。德国企业界对美国再工业化、中国制造业发展给予了充分的关注。德国信息技术、通信、新媒体协会"工业4.0"部部长曾说,不仅亚洲对德国工业构成竞争威胁,而且美国也是其重要竞争对手,美国正通过各种计划应对工业化,加快先进制造业的发展。

3. 对国家产业战略方向的忧虑

2008年国际金融危机后,新一代信息技术的突破、扩散及与工业融合发展,引发了国际社会对第三次工业革命、能源互联网、工业互联网、数字化制造等一系列发展理念和发展模式的广泛讨论和思考。美国、欧盟、日本、韩国等纷纷制订了一系列规划和行动计划,实施制造业回归战略。这既体现了发达国家对制造业传统发展理念的深刻反思,也反映了其抢占新一轮国际制高点的意图和决心。德国作为全球制造业强国,在新一轮技术变革中能不能找到工业发展方向并引领全球工业发展,是德国各界广泛关注的问题。

(二)机遇意识推出"工业4.0"

德国各界对有些产业发展的不尽如人意表现出了忧虑,但对德国传统优势产业的竞争力还是表现出强烈的自信,认为德国工业经济发展面临着许多机遇。

1. 市场机遇

信息通信技术与制造业融合发展带来的一个重要变革就是智能制造时代的来临,云计算、大数据、人工智能、机器学习等驱动着人类智能迈向更高境界,推动着人类各种生产工具的智能化和现代化,在廉价体力劳动不断被机器替代的同时,越来越多的脑力劳动者正在被智能工具所替代,人类正在迈向第二次机器时代,其带来产业变革和就业结构影响将超越过去300年的工业化历史。基于新一代智能装备生产组织方式将广泛普及,从普及单机智能化到普及智能生产线、智能车间、智能工厂,其背后是庞大的、快速成长的智能装备市场。德国各界一直在探讨以什么样的方式抓住快速成长的市场。

2. 技术机遇

智能制造不仅需要单项技术突破，也需要各种技术综合集成，而这正是德国的优势所在。面对全球新一代信息技术与制造技术融合的趋势，德国迎来了巩固和强化技术优势的机遇。一是工业软件优势。工业软件是智能装备的核心和基础，德国企业资源管理、制造执行系统、产品生命周期管理、可编程控制器等核心工业软件在全球都处于领导地位。二是工业电子优势。集成了传感、计算、通信的工业电子技术是智能装备的核心，这也是德国优势领域所在，一批德国企业在汽车电子技术、机械电子技术、机床电子技术、医疗电子技术等领域引领全球发展。三是制造技术优势。德国工业的基础材料、基础工艺、基础装备、基础元器件核心技术领域在全球一直处于领先地位，机械出口占全球的16%，居全球首位，其在创新性制造技术领域的研究、开发和生产以及复杂工业过程管理的领先性无人能比。传统制造技术与工业软件、工业电子技术的结合，为德国抢占智能装备竞争制高点带来了难得的机遇。

3. 产业机遇

装备制造业是德国最具优势的产业，面对全球智能制造带来的机遇，德国各界的共识是要把握信息通信技术与装备制造业融合的趋势，瞄准全球快速成长的智能工厂装备市场，确保德国企业占据全球智能制造产业"领先的供应商"地位。对于德国而言，这个市场是潜在的，也是现实的，没有哪个国家比德国更有条件和优势发展智能制造。德国相关协会的调查表明，60%的德国机械设备制造商确信他们的技术和产品竞争优势在未来五年会得到提高。正如德国所说，欧洲、德国失去了互联网的机遇，但不能失去物联网的机遇。物联网应用的主战场是工业领域，德国不仅可以而且能够在物联网的技术变革中抓住机遇引领潮流。

（三）领先意识推出"工业4.0"

在新一轮技术革命和产业变革中，德国人有危机感，也看到了新机遇，并试图在工业领域继续保持全球领先的地位，其基本途径就是在向"工业4.0"迈进的过程中先发制人，与世界制造强国争夺新科技产业革命的话语权，抢占产业发展的制高点。具体来讲，就是要实现"五个领先"。

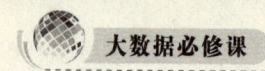

1. 理念领先

信息技术领域从来不缺乏新概念和新理念,但真正能够被各界广泛认可并快速传播的发展理念屈指可数。物联网、移动互联、云计算、大数据等新一代信息技术广泛普及并推动着生产方式变革。当各国纷纷提出数字化制造、工业互联网、能源互联网等制造业发展新理念的时候,德国作为欧洲传统的工业强国,需要一个既能继承传统工业发展思想又能启发未来工业趋势的新理念,抢占发展理念的制高点,并引领德国工业继续保持全球领导地位。正是在这一背景下,德国"工业4.0"的概念出现了。这一概念最大的成功之处在于它把几百年工业发展的历史与现代信息技术趋势进行了完美的集成,它是继承性与创新性的统一、理论性与通俗化的统一、严肃性与时尚性的统一,其传播的速度、广度、深度也超过了德国人的预期。

2. 技术领先

当前,信息技术创新步伐不断加快,正步入泛在、智能、集成的新阶段。从计算、传输到处理,从感知、传感到智能,泛在连接和普适计算已无所不在,云计算、大数据、人工智能、机器学习等驱动人类智能迈向更高境界,虚拟化技术、3D打印、工业互联网、大数据等技术将重构制造业技术体系。德国提出"工业4.0",其宗旨也是支持工业领域新一代革命性技术的研发与创新,大力推动物联网和服务互联网技术在制造业领域的应用,从而应对新一轮科技革命带来的挑战,以此抢占信息技术与工业融合发展中技术的制高点。

3. 产业领先

在新一轮科技革命的影响下,全球新的产业分工体系和分工格局正在形成,基于信息物理系统的智能工厂和智能制造模式正在引领制造方式的变革,全球研发设计、生产制造、服务交易等资源配置体系加速重组,网络众包、异地协同设计、大规模个性化定制、精准供应链管理等正在构建企业新的竞争优势,全生命周期管理、总集成总承包、互联网金融、电子商务等加速着重构产业价值链新体系的步伐。德国提出的"工业4.0"是在智能生产体系的支撑下,重构全球的生产方式。

4. 标准领先

产品的智能化、装备的智能化、生产的智能化、管理的智能化以及服务的智能化,迫切要求装备、产品之间,装备和人之间,以及企业、产品、用户之间全流程、全方位、实时的互联互通,实现数据信息的实时、准确交换、识别、处理、维护,研发、生产、管理、服务的高度协同对智能制造的标准化提出了新的要求,这就必须通过制定和执行许许多多的技术标准、服务标准、管理标准和安全标准来实现。智能制造的标准体系是全球产业竞争的一个制高点,德国已抢先一步,制定了《"工业4.0"标准路线图》,以此抢占了"工业4.0"标准化领域的制高点。

5. 市场领先

巩固并不断扩大全球市场的优势是德国"工业4.0"的根本出发点,也是各界的共识。在"工业4.0"战略中,德国采用了"领先的供应商战略"与"领先的市场战略"的双重战略来释放市场潜力。"领先的供应商战略"强调德国装备制造供应商要通过技术创新和集成,不断提供世界领先的技术解决方案,并以此成为"工业4.0"产品的全球领先的开发商、生厂商;"领先的市场战略"强调将德国国内制造业作为主导市场加以培育,率先在德国国内制造企业加快推行"工业4.0"与部署信息物理网络系统,进一步壮大德国装备制造业。

二、"工业4.0"的本质

"工业4.0"的本质是提升企业、行业、国家的竞争优势。"工业4.0"是一个发展的概念,是一个动态的概念。"工业4.0"是一个理解未来信息技术与工业融合发展的多棱镜,站在不同的角度会有不同的理解:"工业4.0"是数据集成,也是创新转型;"工业4.0"是信息物理网络系统,是智能工厂,是智能制造;"工业4.0"是国家战略,是企业行为。但从根本上来讲,"工业4.0"是一种在信息技术发展到新阶段产生的新工业发展模式。从终极目标来看,"工业4.0"不能为技术而技术,核心在于提高企业、行业乃至国家的整体竞争力。从企业来看,通过"工业4.0"可以实现劳动生产率大幅度提高,产品创新速度加快,满足个性化需求,减少能耗,提高产品质量和附加值,显著增强企业核心竞争力;从行业来看,通过"工业4.0"可以最大限度地建立起高度协作的创新服务体系,提高整个行业的资源配置和运行效率;从政府来看,通过"工业4.0"可以进一步巩固德国制造业优势,抢占新一轮产业竞争的制高点。与国际社会关于第三次工业革命的说法不同,德国学术界和产业界认为,前三次工业革命的发生分别源于机械化、电力和信息技术;他们将18世纪引入机械制造设备定义为

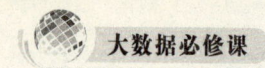

"工业1.0",将20世纪初的电气化定义为"工业2.0",将始于20世纪70年代的生产工艺自动化定义为"工业3.0",而物联网和制造业服务化则进入以智能制造为主导的第四次工业革命。

(一)"工业4.0"是数据集成

德国机械设备制造业协会及SAP公司的专家在交流时都提出,"工业4.0"的核心就是数据。SAP高级副总裁柯曼说,企业数据分析就像汽车的后视镜,开车没有后视镜就没有安全感,但更重要的是车的前挡风玻璃能够对实时数据做精准分析。从"工业1.0""工业2.0""工业3.0"演进的角度来看,这一认识不无道理,数据是"工业4.0"区别于传统工业生产体系的本质特征。在"工业4.0"时代,制造企业的数据将会呈现爆炸式的增长态势。信息物理系统的推广、智能装备和终端的普及以及各种各样传感器的使用将会带来无所不在的感知和无所不在的连接,所有的生产装备、感知设备、联网终端包括生产者本身都在源源不断地产生数据,这些数据将会渗透到企业运营、价值链乃至产品的整个生命周期,是"工业4.0"和制造产生革命的基石。

1. 产品数据

产品数据包括设计、建模、工艺、加工、测试、维护、产品结构、零部件配置关系、变更记录等数据。产品的各种数据被记录、传输、处理和加工,使得产品全生命周期管理成为可能,也为满足个性化的产品需求提供了条件。首先,外部设备将不再是记录产品数据的主要手段,内嵌在产品中的传感器将会获取更多的、实时的产品数据,使得产品管理能够贯穿需求、设计、生产、销售、售后到淘汰报废的全部生命历程。其次,企业与消费者之间的交互和交易行为也将产生大量数据,挖掘和分析这些数据,能够帮助消费者参与到产品的需求分析和产品设计、柔性加工等创新活动中。

2. 运营数据

运营数据包括组织结构、业务管理、生产设备、市场营销、质量控制、生产、采购、库存、目标计划、电子商务等数据。工业生产过程中无所不在的传感、连接带来了无所不在的数据,这些数据可以带来企业的研发、生产、运营、营销和管理方式的创新。首先,生产线、生产设备的数据可以用于对设备本身进行实时监控,同时生产所产生的数据反馈至生产过程中,使得工业控制和管理最优化。其次,通过对采购、仓储、销售、配送等供应链环节上的数据采集和分析,将带来效率的大幅度提升和成本的大幅度下降,并将极大地减少库存,改进和优化供应链。再次,利用销售数据、供应商数据的变化,可以动态调整、优化生产、库存的节奏和规模。此外,基于实时感知的能源管理系统能够在生产过程中不断实时优化能源效率。

3. 价值链数据

价值链数据包括客户、供应商、合作伙伴等数据。企业在当前全球化的经济环境中参与竞争,需要全面地了解技术开发、生产作业、采购销售、服务、内外部后勤等环节的竞争力要素。大数据技术的发展和应用,使得价值链上各环节数据和信息能够被深入分析和挖掘,为企业管理者和参与者提供看待价值链的全新视角,使得企业有机会把价值链上更多的环节转化为企业的战略优势。例如,汽车公司大数据提前预测到哪些人会购买特定型号的汽车,从而可将目标客户的响应率提高15%～20%,将客户忠诚度提高7%。

4. 外部数据

外部数据包括经济运行、行业、市场、竞争对手等数据。为了应对外部环境变化所带来的风险,企业必须充分掌握外部环境的发展现状以增强自身的应变能力。大数据分析技术在宏观经济分析、行业市场调研中得到了越来越广泛的应用,已经成为企业提升管理决策水平和市场应变能力的重要手段。少数领先的企业已经通过为包括从高管到营销人员甚至车间工人在内的员工提供信息、技能和工具,引导员工更好、更及时地在"影响点"做出决策。

5. 纵、横、端集成

"工业4.0"将无处不在的传感器、嵌入式终端系统、智能控制系统、通信设施通过信息物理系统形成一个智能网络,使人与人、人与机器、机器与机器以及服务与服务之间能够互联,从而实现横向、纵向和端对端的高度集成。集成是德国"工业4.0"的关键词,也是长期以来中国推动两化融合的关键词。在两化融合评估体系中,将两化融合分为起步阶段、单项应用阶段、综合集成阶段、协同创新阶段等四个阶段。综合集成是信息化和工业化融合走向纵向的重要标志。中国的"两化(信息化、工业化)融合"主要强调了企业间的横向集成和企业内部的纵向集成,而德国"工业4.0"则增加了端到端的集成。

纵向集成是指企业内部信息流、资金流和物流的集成。"工业4.0"所要追

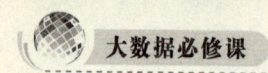

求的就是在企业内部实现所有环节信息无缝链接,这是全部智能化的基础。

横向集成是企业之间通过价值链以及信息网络实现的一种资源整合,目的是实现各企业间的无缝合作,提供实时产品与服务,推动企业间研产供销、经营管理与生产控制、业务与财务全流程的无缝衔接和综合集成,实现产品开发、生产制造、经营管理等在不同的企业间的信息共享和业务协同。在市场竞争牵引和信息技术创新驱动下,每一个企业都在追求生产过中的信息流、资金流、物流无缝链接与有机协同。在过去,这一目标主要集中在企业内部,但现在这远远不够了,企业要实现新的目标必须从企业内部的信息集成向产业链信息集成,从企业内部协同研发体系到企业间的研发网络,从企业内部的供应链管理到企业间的协同供应链管理,从企业内部的价值链重构到企业间的价值链重构。

端到端的集成是一个新理念,各界对于端到端集成有不同的理解。所谓端到端就是围绕产品全生命周期的价值链创造,通过价值链上不同企业资源的整合,实现从产品设计、生产制造、物流配送、使用维护的产品全生命周期的管理和服务。它以产品价值链创造集成供应商(一级、二级、三级……)、制造商(研发、设计、加工、配送)、分销商(一级、二级、三级……)以及客户信息流、物流和资金流,在为客户提供更有价值的产品和服务同时重构产业链各环节的价值体系。

(二)"工业4.0"是创新转型

"工业4.0"的实施过程实际上就是制造业创新发展的过程,制造技术、产品、模式、业态、组织等方面的创新将会层出不穷。物联网和服务联网将渗透到工业的各个环节,形成高度灵活、个性化、智能化的产品与服务的生产模式,推动生产方式向大规模定制、服务型制造、创新驱动转变。

1. 工业创新

信息通信技术不断融入工业装备中,推动着工业产品向数字化、智能化方向发展,使产品结构不断优化升级。一方面,传统的汽车、船舶、家居的智能化创新步伐加快,如汽车正进入"全面感知+可靠通信+智能驾驶"的新时代,万物互联时代正在到来。另一方面,制造装备从单机智能化向智能生产线、智能车间到智能工厂演进,提供工厂级的系统化、集成化、成套化的生产装备成为产品创新的重要方向。

未来"工业4.0"的技术创新将在三条轨道上进行。一是新型传感器、集成电路、人工智能、移动互联、大数据在信息技术创新体系中不断演进，并为新技术在其他行业的不断融合、渗透奠定技术基础。二是传统工业在信息化创新环境中，不断优化创新流程、创新手段和创新模式，在既有的技术路线上不断演进。三是传统工业与信息技术的融合发展，它既包括信息物理空间（CPS）、智能工厂整体解决方案等一系列综合集成技术，也包括集成工业软硬件的各种嵌入式系统、虚拟制造、工业应用电子等单项技术突破。

"工业4.0"将发展出全新的生产模式、商业模式。首先在生产模式层面，"工业4.0"对传统工业提出了新的挑战，要求从过去的"人脑分析判断＋机器生产制造"的方式转变为"机器分析判断＋机器生产制造"的方式。基于信息物理系统的智能工厂和智能制造模式正在引领制造方式的变革。其次在商业模式层面，"工业4.0"的"网络化制造""自我组织适应性强的物流"和"集成客户的制造工程"等特征，也使得它追求新的商业模式以率先满足动态的商业网络而非单个公司，网络众包、异地协同设计、大规模个性化定制、精准供应链管理等新型智能制造模式将加速构建产业竞争新优势。

伴随信息等技术升级应用，从现有产业领域中衍生、叠加出的新环节、新活动，将会发展成为新的业态；进一步来讲，在新市场需求的拉动下将会形成引发产业体系重大变革的产业。就目前来看，工业云服务、工业大数据应用、物联网应用都有可能成为或者催生出一些新的产业和新的经济增长点。制造与服务融合的趋势，使得全生命周期管理、总集成总承包、互联网金融、电子商务等加速重构产业价值链新体系。

在"工业4.0"时代，很多企业将会利用信息技术手段和现代管理理念，进行业务流程重组和企业组织再造，现有的组织体系将会被改变，符合智能制造要求的组织模式将会出现；基于信息物理系统的智能工厂将会加快普及，进一步推动企业业务流程的优化和再造。企业组织管理创新，也是两化融合管理体系标准的重要内容。两化融合管理体系将围绕企业获取可持续的竞争优势，不断优化企业的业务流程和组织架构。

2. 工业转型

"工业4.0"给生产过程带来了极大的自由度与灵活性，通过在设计、供应链、制造、物流、服务等各个环节中植入用户参与界面，新的生产体系能够实现对每个客户、每个产品进行不同设计、零部件采购、安排生产计划、实施制造加工、物流配送，极端情况下可以实现个性化的单件制造，而关键是设计、制造、配送单件产品是盈利的。在这一过程中，用户由部分参与向全程参与转变，用户不仅出现在生产流程的两端，而且广泛、实时参与生产和价值创造的全过程。实现真正的个性化定制将是一个漫长而艰辛的过程，且这一进程只有起点而没有终点。

服务型制造是"工业4.0"理念中工业未来转型的重要方向，越来越多的制造型企业围绕产品全生命周期的各个环节不断融入能够带来市场价值的增值服务，以此来实现从传统的提供制造业产品向提供融入了大量服务要素的产品与服务组合转变。事实上，在德国"工业4.0"概念提出之前，服务型制造的理念已得到广泛认同。德国西门子、博世、蒂森克虏伯等企业都从不同角度提出服务型制造理念，推动制造业服务化转型是"工业4.0"的核心理念。

以廉价劳动力、大规模资本投入等传统要素驱动的发展模式将难以为继，移动互联网、云计算、物联网、大数据等新一代信息技术在制造业的集成应用，带来产业链协同开放创新，带来了用户参与式创新，带来了制造业技术、产品、工艺、服务的全方位创新，不断催生和孕育出新技术、新业态和新模式，从而激发整个社会的创新创业激情，加快从传统的要素驱动向创新驱动转型。

第二节 大数据奠定"工业4.0"未来发展

大数据是互联网智慧和意识产生的基础，也是互联网时代到来的源泉。随着互联网的日臻成熟，虚拟现实技术开始进入一个全新的时期。与传统虚拟现实不同，这一全新时期不再是虚拟图像与现实场景的叠加，也不是看到眼前展现出来的简单三维立体画面。它开始与人工智能结合得更加紧密，以庞大的数据量为基础，让人工智能服务于虚拟现实技术，使人们在其中获得真实感和交互感，让大数据变成具有可听、可视、可运作功能的互联网系统。

德国"工业4.0"强调通过信息网络与物理生产系统的融合，即建设信息物理融合系统来改变当前的工业生产与服务模式。美国GE公司倡导的"工业互联网"，则强调通过智能机器间的连接并最终将人机连接，结合软件和大数据来实现和推进"工业4.0"。

"工业4.0"通过充分利用信息通信技术，把产品、机器、资源和人有机地结合在一起,推动制造业向基于大数据分析与应用基础上的智能化转型。智能制造时代的到来,也意味着工业大数据时代的到来。工业大数据的应用,将成为未来提升制造业生产力、竞争力、创新能力的关键要素,也是目前全球工业转型必须面对的重要课题。

一、大数据为制造业智能化提供条件

(一)制造业智能模式转型中大数据的作用

在工业自动化时代,传统制造业模式所依托的是材料及其功能与特性、机器及其加工能力和精度、人的大脑与双手。在制造智能化时代,工业机器、设备、存储系统以及运营资源可以利用现代网络通信技术连接成网络。这些工厂与机器设备不仅可以随时随地进行信息分享,而且互相连接的系统可以独立地自我管理。

要达到这一目标,现有的工业制造系统需要对制造设备本身以及产品制造过程中产生的数据进行更深入的分析,也就是说,企业必须掌握通过工业IT设施收集、传输和分析处理大数据的能力。随着智能传感器技术的发展,数据的收集已经变得简单和可行,而云计算等技术的发展,也使得分析与处理大数据变得高速与高效。在"工业4.0"模式中,工业机器与设备之间实现信息交换、运转和互相操控,被制造的产品可以与机器设备交流,机器可以自组织生产,智能工厂能够自行运转。因此可以说,大数据是制造业智能化的必然结果,也是制造业智能化的必要条件与基础。

(二)从大数据到工业化大数据的转变

工业大数据同我们传统上提到的消费、商业中的大数据概念有相似的一面,但又有差异。工业领域大数据主要呈现大体量、多源性、连续采样、价值密度低、动态性强等特点。大数据应用技术出现前,除结构化数据外,其他半结构化、非结构化等类型数据很难通过机器分析来挖掘应用价值,而目前大数据应用技术、建模技术与仿真技术等信息技术,为研究工业领域机理不清的复杂系统的动态行为开辟了可能途径。例如,风力涡轮机制造商在对天气数据及涡轮仪表数据进行交叉分析的基础上,可以对风力涡轮机布局进行改善,从而增加风力涡轮机的电力输出水平并延长其服务寿命。

工业自动化、智能化系统的建模,控制系统的运行、管理与优化,无不涉及大量的图像及数据信息。同样,企业的综合生产指标、生产计划调度、生产线的质量控制等,同样涉及大量复杂的数据。而通过信息化手段对流程进行优化整合,必须用到大数据技术,以此实现工业系统的优化运行。因此,大数据应用对于工业领域动态模型建设、安全运行及监控、多目标优化控制方法等多个方面将有促进作用。

二、工业化大数据的价值所在

(一)大数据可以优化运营效率

在传统的制造企业中,大量的数据分布于企业中的各个部门中,要想在整个企业内及时、快速提取这些数据存在一定的困难。而有了工业大数据,就可以利用大数据技术帮助企业将所有的数据集中在一个平台上,以此充分整合来自研发、工程、生产部门的数据,创建产品生命周期管理平台,对工业产品的生产进行虚拟模型化,优化生产流程,确保企业内的所有部门以相同的数据协同工作,从而提升组织的运营效率,缩短产品的研发与上市时间。

(二)大数据可以细分市场领域

利用传感器创造并存储更多数据和出自供应商数据库的数据,制造企业可以实时收集更多准确的运作与绩效数据,不断可以跟踪产品库存和销售价格,而且可以准确地预测全球不同区域的需求,从而运用数据分析得到更好的决策来优化供应链。制造企业还可以利用大数据技术对客户进行细分,优化生产流程以定制化产品和服务来满足不同用户的不同需求,创造更好的产品。企业不仅可以满足消费者高度个性化的需求,也能够对原材料供应变动和市场需求的变化做出及时的反应和调整,实现产品由大规模趋同性生产向规模化定制生产转变。

(三)大数据可以创新商业模式

大数据让传统制造企业能够创新产品和服务,从而创造全新的商业模式。这样,传统的制造企业不再单单是围绕产品产销的实体物理设备的生产企业,而是充分借助大数据、网络等新技术的生产服务型企业。在"工业4.0"或工业互联网时代,制造企业通过内嵌在产品中的传感器获得数据,从发电设备到工程机械,一切都可以连接到互联网上,为机器设备的作业监控、性能维护和预防性养护提供各种数据。例如,实时位置数据的出现创造了一套全新的跟踪服务体系,可以为飞机发动机制造企业提供航空信息与服务管理。这不但可以使制造企业自身提升生产效率和产业竞争力,更可以为其所服务的客户创造新的价值。

三、工业大数据的开发与利用

(一)大数据的开发与保护同步

由于工业大数据横跨企业边界,甚至跨越国界,因此安全、开放、共享等一些政策问题必须得到有效解决。随着工业大数据的价值越来越被重视,生产设施和数据中的商业秘密和专利技术也必须同样受到保护。在"工业4.0"或工业互联网时代,工业IT系统的安全不仅涉及生产操作环节,而且还关联到由此延伸的通信网络环节,因此,研究并出台相应的工业IT系统的安全策略、架构和标准,保护制造企业的生产系统的安全、数据安全,提升系统的紧密性、完整性和有效性,将是个非常重要的问题。

工业大数据日益提高的经济价值也会产生大量的法律问题,如何克服阻碍数据获取的障碍、建立交易或共享数据的市场机制,如何保护工业大数据中的知识产权,需要政府制定平衡数据使用与数据安全保护的政策,制定鼓励数据共享的奖励措施,建立有效的促进创新的知识产权框架,以及面向公众开放政府部门拥有的能够公开的大数据,从而促进工业大数据共享、整合和价值创造。

(二)畅通大数据的植入渠道

信息物理融合系统或工业互联网的实现是建立在连续采样、大体量的工业大数据基础上的,而工业大数据的传输、交互和共享必然要求建立容量、带宽、存储与数据处理能力更强大的基础实施,以及极高的通信智能和管理智能。现有的网络基础设施肯定难以满足"工业4.0"或工业互联网时代的要求。因此,容量更大、服务质量更可靠的工业宽带基础设施将成为工业大数据发展的重要组成部分。这样,政府有必要对扩建工业宽带基础设施制定专门的激励措施,奖励和鼓励对工业宽带基础实施的投资与建设。有效的工业宽带基础设施,应该简易、安全、价格合理以及易扩展,不仅能够应用于智能工厂,也能够应用于

智能电网、智能交通以及智慧医疗等。

（三）创新大数据技术

工业信息化系统产生的大数据，必须先经过整理和分析，让其变成"信息"，然后再深加工为"知识"才能应用。在这个通过大数据获取价值的转化过程中，制造企业需要新的技术（如存储、计算和分析软件）和技能（新的分析类型）。目前很多企业还处于"工业2.0"时代，工业信息化、智能化水平较低，缺乏将大数据技术整合到自身系统的技术能力。而对于那些"工业3.0"时代的企业来说，现有的旧系统和不兼容的标准和格式，也会妨碍大数据分析工具的应用。因此，促进制造企业和技术人员整合、应用不断创新的工业大数据开发与分析技术，促进制造企业从工业大数据中获取最大收益是非常紧迫的任务。

（四）培养大数据人才

让制造企业领导认识到对工业大数据蕴含的价值以及如何释放这一价值，将是一个富有挑战的过程。制造企业不但需要拥有具备挖掘大数据价值的技术人员，同时需要构建适当的工作流程和激励措施来优化大数据的使用，这样才有可能利用工业大数据来优化企业管理、创造新的商业模式。同时，将制造企业中不同部门产生的数据集成起来并交互共享，打破信息孤立现象，也需要相应的组织体系变革。因此，政府应该创造激励措施并对制造企业管理者进行大数据分析技术培训，采取措施鼓励企业加强对大数据相关人才的培养。

第三节　德国"工业4.0"战略与大数据推进启示

2011年，汉诺威工业博览会上德国业界提出了"工业4.0"设想，随后，德国成立了"工业4.0工作组"，并于2013年4月发布了《保障德国制造业的未来：关于实施"工业4.0"战略的建议》的报告。同时，德国联邦教研部与联邦经济技术部也于2013年将"工业4.0"项目纳入了《高技术战略2020》的十大未来项目中。德国机械及制造商等协会还合作设立了"工业4.0平台"。2013年12月，德国电气电子和信息技术协会发表了德国首个"工业4.0"标准化路线图。

"工业4.0"研究项目由德国联邦教研部与联邦经济技术部联手资助，在德国工程院、弗劳恩霍夫协会、西门子公司等德国学术界和产业界的建议和推动下形成并已上升为国家级战略。德国联邦政府为此投入了2亿欧元。"工业4.0"的概念也引起了我国政府、产业界以及学术界的广泛关注。

一、德国"工业4.0"战略

按照"工业4.0"的概念，18世纪引入机械制造设备的工业是1.0时代，20世纪初的电气化是2.0时代，20世纪70年代开始的利用电子信息化技术的自动化是3.0时代，而"工业4.0"意味着基于信息物理系统的智能制造时代的到来。

德国"工业4.0"的核心内容可以总结为：建设一个信息物理系统网络；研究智能工厂、智能生产两大主题；实现横向集成、纵向集成与端对端集成三大集成；推进大数据开发与应用。

(一)建设信息物理系统网络

信息物理系统的核心思想是强调虚拟网络世界与实体物理系统的融合，换而言之，即强调制造业在数据分析基础上的转型。

进一步讲，信息物理系统是连接、云储存、虚拟网络、内容、社群、定制化的一种融合。信息物理系统可以将资源、信息、物体以及人员紧密联系在一起，从而创造物联网及相关服务，并将生产工厂转变为一个智能环境。

(二)研究智能工厂、智能生产两大主题

实现"工业4.0"的核心是智能工厂与智能生产。作为目标核心载体的智能工厂，即分散的、具备一定智能化的生产设备，在实现了数据交互之后，能够形成高度智能化的有机体，实现网络化、分布式的生产设施；智能生产的侧重点在于将人机互动、智能物流管理、3D打印等先进技术应用于整个工业生产过程。

未来智能工厂与智能生产的实现意味着：较之传统生产模式，新的生产方式将大幅提高资源利用率，产品生产过程中的实时图像显示使得虚拟生产变为可能，从而减少材料浪费；个性化定制将成为可能并且生产速度大幅提高。

(三)实现横向集成、纵向集成与端对端集成

在生产、自动化工程以及IT领域，价值链上企业间的横向集成是指将使用

于不同生产阶段及商业规划过程的 IT 系统集成在一起,这包括了发生在公司内部以及不同公司之间的材料、能源以及信息的交换(比如入站物流、生产过程、出站物流、市场营销),横向集成的目的是提供端对端的解决方案。

与此相对应,网络化制造系统的纵向集成是指将处于不同层级的 IT 系统进行集成(例如,执行器和传感器、控制、生产管理、制造和企业规划执行等不同层面),其目的同样是为了提供一种端对端的解决方案。

端对端工程数字化集成是指贯穿整个价值链的工程化数字集成,是在所有终端实现数字化的前提下所实现的基于价值链与不同公司之间的一种整合,这将在最大限度上实现个性化定制。在此模式下,客户从产品设计阶段就参与到整条生产链中,并贯穿于加工制造、销售物流等环节,可随时参与决策并自由配置各个功能组件。

(四)生产模式、产品规模、客户导向的转变

要完成生产模式、产品规模、客户导向的转变。一是要实现生产由集中向分散的转变,规模效应不再是工业生产的关键因素,工业生产的基本模式将由集中式控制向分散式增强型控制转变;二是要实现产品由大规模趋同性生产向规模化定制生产转变,未来产品都将完全按照个人意愿进行生产,极端情况下将成为自动化、个性化的单件制造;三是要实现由客户导向向客户全程参与的转变,客户不仅出现在生产流程的两端,而是广泛、实时参与生产和价值创造的全过程。

归纳而言,德国"工业4.0"的核心,就是利用信息通信技术把产品、机器、资源和人有机地结合在一起,通过信息通信技术建立起一个高度灵活的个性化和数字化的智能制造模式。在此模式中,信息物理系统将推动生产对象直接或借助互联网实现机器对机器的通信,自主实现信息交换、运转和互相操控;智能工厂能够自行运转,产品与机器可以相互交流,机器可以自组织生产,供应链将自动化协同,产业链分工将被重组,创造新价值的过程将发生改变。

二、德国"工业4.0"启示

"工业4.0"是德国从政府层面提出的战略,代表德国从国家层面对未来制造业走向和相关问题的战略布局和对策,与我国提出的"两化深度融合"战略有很多相似之处,他们提出的一系列政策措施值得我们认真借鉴。

（一）"工业 4.0"的大数据开发、应用

在实施"两化深度融合"战略、发展战略性新兴产业的过程中，不仅要重视关键技术的发展和突破，更应重视系统配套体系、企业创新生态系统的建设。"工业 4.0"强调系统、集成以及社会资源的再配置，是对整个制造业体系的发展的总体思考，而不仅仅把它作为一个新技术发展的问题来看待。

在"工业 4.0"的双重战略中，德国提出不仅要重视发挥大企业的龙头作用，更高度强调如何使中小企业能够应用"工业 4.0"的成果来解决"产、学、研、用"互相结合和促进的问题。德国"工业 4.0"战略不仅有传统的大公司西门子、博世、库卡等的积极参与，也特别注重吸引中小企业参与，力图使中小企业成为新一代智能制造技术的使用者和受益者，同时也成为先进制造技术的创造者和供应者。

从技术发展、创新生态到社会融合，"工业 4.0"特别注重"工业系统的整体跃迁"的实现路径与配套体系建设。我们在实施"两化深度融合"战略中，不但要重视大企业的龙头作用，还应充分吸收中小企业参与，以推动跨学科、跨行业的创新生态系统的建设。同时，如何为工业提供综合的宽带互联网基础设施、如何开发和管理工业大数据、如何保证工业 IT 系统与工业控制系统的安全，这些课题都值得我们在实施工业转型升级规划时重点考虑。尤其重要的是，我们应把推进工业大数据产业的发展置于抢占新一轮技术与产业革命的制高点的高度，不仅应加强工业大数据的应用研究，更要加强工业大数据分析和处理技术的开发。

（二）"工业 4.0"的智能化、互联网化

制造业智能化、互联网化是新一轮技术与产业革命的大趋势，要抓紧制定相应的顶层战略设计。

为推进"工业 4.0"计划的落实，德国资讯技术和通信新媒体协会、德国机械设备制造业联合会以及德国电气和电子工业联合会等三大协会共同建立了跨界研究小组"工业 4.0 平台"，以协调所有参与"工业 4.0"战略计划的资源。这也是德国推进"工业 4.0"的组织保障，也是充分重视释放市场潜力的战略设计。为了执行"工业 4.0"战略，德国采用了"领先的供应商战略"与"领先的市场战略"的双重战略来释放市场潜力。领先的供应商战略强调德国装备制造供应商要通过技术创新和集成，不断提供世界领先的技术解决方案，并以此成

为"工业4.0"产品的全球领先的开发商、生产商。德国政府重视在新一轮技术与产业革命中的话语权建设。为了充分发挥德国的传统优势，德国在吸收美国提出的CPS概念的基础上推陈出新，提出"工业4.0"战略，其目的就是要争夺话语权，为德国的新技术与产品出口创造机会。

德国的"工业4.0"战略，可以说是对于先进制造业发展方向和升级路径的决策，目标明确，战略务实，发展路径清晰，与我国工业转型升级规划中的"两化深度融合"的提法异曲同工。我国"两化融合"和"两化深度融合"概念虽然提出已久，但在战略设计、组织保障、推进路线等方面的认知还没有达到一定的高度，"两化深度融合"的提法也还没有从争夺全球新一轮技术与产业革命的高度来制定战略目标与执行路线。在这方面我们必须向德国、美国学习，立足于充分发挥中国制造业的现有优势，在深刻认识新一轮技术与产业革命的规律与特性的基础上，推进我国新一轮技术与产业革命的顶层战略规划，力争在全球新的技术与产业革命中确立自身的话语权。

（三）"工业4.0"的标准化、系统化

高度重视标准在工业转型升级、信息化和工业化"两化深度融合"战略和战略性新兴产业发展中的引领作用，大力推进标准的国际化建设。德国是一个重视标准的国家，并将标准放到引领产业发展的高度上，认为标准尤其是关于安全、健康和环保等方面的标准，代表着掌控科技、掌控产业的进一步发展。据德国标准化协会的计算，过去几年德国每年3.3%的GDP增长中，标准的贡献率占到0.9%，仅次于资本投入。

"工业4.0"认为，实现"工业4.0"目标的关键是建立一个人、机器、资源互联互通的网络化社会。物联网、互联网、服务化的智能联结必然要求一个系统框架。在这个框架内，各种终端设备、应用软件，它们之间的数据信息交换、识别、处理、维护等必须基于一套标准化的体系。为了顺利实现向"工业4.0"的转化，德国"工业4.0"工作组把标准化排在为推进"工业4.0"在关键领域采取的8项行动的第一位。"工业4.0"工作组还同时建议在"工业4.0"平台下成立一个工作小组，专门处理标准化和参考架构的问题。为此，2013年12月，德国电气电子和信息技术协会发表了"工业标准化路线图"。可以说，德国"工业4.0"中的标准化战略显示出"前导+研发"的鲜明模式特征，即在研发先进技术的同时，同步甚至超前进行标准化，以便为产业发展勾勒出整体框架。

第三章

大数据与"互联网+"

"大众创业、万众创新"是我国现阶段的经济发展策略。创业者创业之初缺少的是资金、资源、平台。大数据可以让创业者足不出户就能获取大江南北、境内境外的供求信息，云客户端可以让创业者不租赁厂房只靠一部手机就实现开店，物联网可以让创业者不买车辆而实现货物运输。而这些，都得益于"互联网+"的资源与平台。

云计算、大数据、物联网从表面上看是互联网的"包装物"，将互联网包装得更漂亮；通过"包装"，也让人们知道互联网融合了众多的魅力资源，是不折不扣的"互联网+"。

云计算、物联网、大数据从内在品质上可以看作互联网的"原材料"，将互联网充实得更真实；通过"原材料"，也让人们知道互联网添加了众多的实在资源，是一套信息通信技术和网络空间虚拟系统相结合的信息物理系统应用技术，是名副其实的"互联网+"。

经济、社会活动的正常运作有赖于基础资源和设施发挥其支撑功能。随着经济形态从"工业经济"向"信息经济"加速转变，基础设施的巨变也日益彰显。短短几十年间，"互联网"能够从诞生、普及升级为"互联网+"，成为一种新的变革力量，这是因为它的技术边界不断扩张，从而引发基础设施层次上的巨变。大力提升云计算、大数据、物联网等基础资源和设施水平，"互联网+"才能获得不竭的动力源泉，在经济、社会发展中彰显威力。

第一节 "互联网+"让云计算和大数据走进终端用户

"云"是网络、互联网的一种比喻说法。过去在图中往往用"云"来表示电信网,后来也用它来表示抽象的互联网和底层基础设施。云计算是基于互联网相关服务的增加、使用和交付模式,通常涉及通过互联网来提供动态易扩展且经常是虚拟化的资源。云计算甚至可以让你体验每秒10万亿次的运算能力,拥有这么强大的计算能力可以模拟核爆炸、预测气候变化和市场发展趋势;用户通过电脑、笔记本、手机等方式接入数据中心,可按自己的需求进行运算。

对于云计算,现阶段被广为接受的是美国国家标准与技术研究院所给出的定义:云计算是一种按使用量付费的模式,这种模式提供可用的、便捷的、按需要进行的网络访问,进入可配置的计算资源共享池,这些资源能够被快速提供,只需投入很少的管理工作,或与服务供应商进行很少的交互。

可接入性、便捷性为传统产业创新升级提供了实现的可能,便捷、廉价让更多的创业者利用这样的资源更加现实,通过互联网云计算真正成为一种可利用的基础资源。

一、云计算的特点

云计算使计算分布在大量的分布式计算机上,而非本地计算机或远程服务器中,企业数据中心的运行将与互联网更相似,使得企业能够将资源切换到需要的应用上,根据需求访问计算机和存储系统。这好比是从古老的单台发电机模式转向了电厂集中供电的模式。它意味着计算能力也可以作为一种商品进行流通,就像煤气、水、电一样,取用方便,费用低廉,最大的不同在于云计算是通过互联网进行传输的。

(一)云计算规模大且可扩展

"云"具有相当的规模。Google云计算已经拥有100多万台服务器,Amazon、IBM、微软、Yahoo等的"云"均拥有几十万台服务器。企业私有"云"一般拥有数百上千台服务器。"云"能赋予用户前所未有的计算能力。

"云"的规模可以动态伸缩,满足应用和用户规模增长的需要。可以接受用户规模海量增长,为实现"大众创业、万众创新"战略规划奠定了基础。

（二）云计算虚拟且廉价

云计算支持用户在任意位置使用各种终端获取应用服务,所请求的资源来自"云",而不是固定的有形的实体。应用在"云"中某处运行,但实际上用户无须了解,也不用担心应用运行的具体位置。只需要一台笔记本或者一个手机,就可以通过网络服务来实现我们需要的一切,甚至包括超级计算这样的任务。

"云"是一个庞大的资源池,可以按需购买;云可以像自来水、电、煤气那样计费。由于"云"具有特殊容错措施,可以采用极其廉价的节点来构成"云"。"云"的自动化集中式管理使大量企业无须负担日益高昂的数据中心管理成本,"云"的通用性使资源的利用率较之传统系统大幅度提升,因此用户可以充分享受"云"的低成本优势。

创业者创业初期,资金成本是最大的困难之一,而云计算这一可利用资源的低成本优势的的确确给创业者在起步阶段提供了很好的助力,并且在企业营运阶段廉价的营运成本提高了企业的竞争能力。

更多的企业看到了借助于互联网利用"云"的这些特点可以给生产、生活带来诸多利益,更多的互联网嫁接到云计算上,成为未来创新的引擎。2015年3月腾讯公司与河南省政府签署了一项战略合作框架协议,就"互联网+"达成全方位、深层次的战略合作:双方将依托于腾讯丰富的数据基础、成熟的云计算能力以及微信、QQ等强大的社交平台产品,充分整合优势资源,以"互联网+"解决方案为具体结合点,开展全方位、深层次的战略合作,真正地将"互联网+"落到实处。

从合作的多个方面来看,这是对于政府社会治理新模式的一次积极探索。同时可以看到,在这次合作中,大数据、云计算正在成为政务快速发展的一块强有力的基石,成为政务创新的强劲"引擎"。

借助新兴技术提升国家竞争力是世界各国长期以来的共识,云计算作为新时期IT技术的集大成者,也成为竞争的关键。

据报道,美国联邦政府借助云计算技术,持续推进农业部、国防信息系统、宇航局乃至美国空军的云计算政务环境的建设,帮助政府机构实现快速可信的创新服务,保证美国在信息化领域的全球竞争力。

德国政府则利用云计算帮助公共部门处理核心任务和业务程序,更好地利用有限的资源,减少行政成本,提高工作效率,特别是使税务、教育、社会保障和医疗保险等信息密集型服务部门提高透明度并增加与公众的互动交流。

这些效果十分显著。美国政府网站利用云计算每年节约170万美元运行费用。德国期望借助云计算整合450万公共部门员工，降低IT领域每年150亿～200亿欧元支出。

回到国内，由于云计算大家都处于同一起跑线上，所以在电子政务方面国内并不逊于国外，甚至有些方面超过国外。

以广州为例，去年车管所开通了"云上车管所"服务，利用腾讯云支持超大文件上传、容量自动扩充等服务，也让广州车管所无须担忧存储上限及扩容问题，可以获得即时存储、即时下载播放服务。这一举措显著缩短了业务办理时间，提高了车管服务工作效率。据了解，逾八成的广州车管业务已实现在"云上车管所"上办理。

可以说，云计算作为发展的"水"和"电"，正在通过满足各行各业的需求，创造出更大的效率，让政务更加充满"智慧"。

现在，以云为基础的"互联网+"正在使城市更加智慧。在智慧城市的建设上，河南省将微信接入电网、高速公路服务区、燃气和城市入口等领域实现了多个全国第一，在国网河南省电力公司的支持下河南省成为全国第一个省级电网接入微信支付的省份。

（三）云计算可靠且通用

"云"使用了数据多副本容错、计算节点同构可互换等措施来保障服务的高可靠性，使用云计算比使用本地计算机可靠。

云计算不针对特定的应用，在"云"的支撑下可以构造出千变万化的应用。同一个"云"可以同时支撑不同的应用程序运行，适合不同产业、行业的创新需求。

（四）云计算存在潜在危险性

对于政府机构、商业机构选择云计算服务应保持足够的警惕。一旦商业用户大规模使用私人机构提供的云计算服务，无论其技术优势有多强，都不可避免地让这些私人机构以"数据（信息）"的重要性挟制整个社会。对于信息社会而言，"信息"是至关重要的。另一方面，云计算中的数据对于数据所有者以外的其他云计算用户是保密的，但是对于提供云计算的商业机构而言确实毫无秘密可言。所有这些潜在的危险，是商业机构和政府机构选择云计算服务特别是

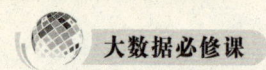

国外机构提供的云计算服务时,不得不考虑的一个重要的前提。因此,国家应该更多地研究、开发自己的云计算平台,保证创业者的安全使用。

二、云计算的应用

我国云计算基础设施的建设正在发挥着巨大的经济价值和社会价值,它为强化计算资源的专业化提供了保障,提高了企业的生产效率;将国际IT巨头主导的起源于"工业经济"的"计算机+软件"模式向适应"信息经济"特点的"云计算+数据"模式转变;带动了"网"(物联网、移动互联网等技术和产业)的发展,撬动了我国在"端"(移动设备等和软件应用)上的市场潜力和无限创意;在数据的存储、处理和分析上发挥着越来越重要的作用,从而成为社会的神经中枢,与物联网、移动互联网一起联手打造系统级智能;打破了大企业在计算能力上的垄断,从而成为这个时代中小企业创新、创业的平台;推动传统企业加速拥抱互联网,加快了传统产业转型的步伐;加强了政务处理效率,提高了社会治理能力;发展具有自主知识产权的"云计算"技术,维护了国家经济安全;有助于降低能耗,助力可持续发展,等等。

(一)云物联

物联网是物物相连的互联网。第一,物联网的核心和基础仍然是互联网,是在互联网基础上的延伸和扩展的网络;第二,其用户端延伸和扩展到了任何物品与物品之间,便于进行信息交换和通信。

随着物联网业务量的增加,对数据存储和计算量的需求越来越需要"云计算"能力的支撑。

(二)云安全

云安全(Cloud Security)是一个从"云计算"演变而来的新名词。云安全的策略构想是:使用者越多,每个使用者就越安全,因为如此庞大的用户群,足以覆盖互联网的每个角落,只要某个网站被挂马或有某个新木马病毒出现,就会立刻被截获。

"云安全"通过网状的大量客户端对网络中软件行为的异常的监测,获取互联网中木马、恶意程序的最新信息,推送到Server端进行自动分析和处理,再把病毒和"木马"的解决方案分发到每一个客户端。

（三）云存储

云存储是在云计算概念上延伸和发展出来的一个新的概念，是指通过集群应用、网格技术或分布式文件系统等，将网络中大量各种不同类型的存储设备通过应用软件集合起来协同工作，共同对外提供数据存储和业务访问功能的一个系统。当运算和处理的是大量数据的存储和管理时，云计算系统中就需要配置大量的存储设备，那么云计算系统就转变成为一个云存储系统，所以云存储是一个以数据存储和管理为核心的云计算系统。

（四）云计算

从技术层面看，大数据与云计算的关系就像一枚硬币的正反面一样密不可分。大数据必然无法用单台的计算机进行处理，必须采用分布式计算架构来运作。它的特色在于对海量数据的挖掘，但它必须依托于云计算的分布式处理、分布式数据库、云存储和虚拟化技术。

云计算在不断的研讨中迅猛发展，越来越多的应用性服务成为可能。2015年6月28日，在中国互联网20周年高峰论坛上，阿里云业务总经理刘松做了题为"阿里云计算驱动互联网与大数据创新"的主题发言并在随后接受了新华网记者的专访。刘松告诉记者，每一个移动APP背后必然有一个具有大数据能力的云计算承载，移动互联网、云计算和大数据是三位一体的。阿里巴巴作为国内领先的云服务提供商，致力于打造公共的、开放的、以数据为中心的云计算服务平台。

云计算已经成为互联网业界最炙手可热的领域之一。国外互联网巨头——亚马逊正在寻求将自己的云服务在中国落地，而国内最大的移动通信运营商——中国移动也于MAE2014期间推出了自己的"移动云"，一批新兴的创业企业也伺机在云计算市场掘金。

过去的两三年，云计算服务还只是小型企业、互联网公司和创业企业的选择，而2014年整个云计算市场迎来转折。刘松介绍说，首先是小型企业使用云服务成为更主流的方式，更重要的一点是中国的大型企业开始考虑使用云计算。2014年之后，中国的整个云计算市场加速发展。云计算和大数据是一枚硬币的两面，数据的价值更大。对于阿里巴巴来说，阿里云在未来发展的过程中要把整个集团积累的数据包括所属公司积累的数据，也变成一种服务。

数字化和数据化给云计算的发展带来了巨大的推动力，云计算行业正处在

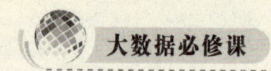

高速发展的历史机遇期。

谈到行业的发展趋势,刘松表示,云计算颠覆了传统IT的成本,为用户提供灵活的、有弹性的IT服务。从行业发展趋势来看,云计算会逐步增加一些应用性服务,包括大数据方面的服务。

阿里云也在不断增加数据方面包括存储方面的服务,还有一个就是未来来看,云计算的发展要逐步开始与行业的解决方案结合。比如,有一些公司自己在应用方面是有所创新的,像e代驾等。

云计算、大数据在基础层必不可缺,但是它还要结合企业互联网化的创新,尤其是来自客户的创新。比如在垂直行业新兴的车联网、物联网客户可能会对云计算的通用能力提出更高的要求,这些需求会推动云计算增加服务能力,这是云计算发展的趋势。

"工业4.0"的概念包含了由集中式控制向分散式增强型控制的基本模式转变,目标是建立一个高度灵活的个性化和数字化的产品与服务生产模式。在这种模式中,传统的行业界限将消失,并会产生各种新的活动领域和合作形式。创造新价值的过程正在发生改变,产业链分工将被重组。

德国学术界和产业界认为,"工业4.0"的概念即是以智能制造为主导的革命性的生产战略。该战略旨在通过充分利用信息通信技术和网络空间虚拟系统即信息物理系统相结合的手段,将制造业向智能化转型。

三、智能终端与APP软件

在云计算、大数据设施和应用软件服务的助力下,以智能终端为代表的用户设备,正在成为大数据采集的重要源头和服务提供的重要界面。智能终端完善了移动互联网,进而丰富了互联网,赋予"互联网+"更多的内涵和外延发展空间。

中国已经成为全球智能终端增长的绝对主导力量,并引领全球移动市场的智能化演进。以智能终端为接入界面,互联网内容逐渐从门户网站主导的网页向异彩纷呈的APP应用程序转变。APP应用程序更多地以云计算服务为支撑,通过后台丰富的数据驱动,开发和发布的门槛降低、创意受到极大激发。2013年年底,苹果APP Store与谷歌Google Play应用下载规模均达到500亿次,应用规模均超过100万个。腾讯、阿里、百度等企业试图通过深度挖掘移动即时消息、手机支付、地图等能力，在自身核心应用领域搭建超级APP平台。

如果说台式电脑的普及率还不够高的话，那么目前手机应该算是普及率极高的通讯产品。智能终端和APP软件的广泛应用，几乎让互联网的触角触及到每一个人，让每一个人都能拥有便捷的互联网资源承载设备。

（一）智能终端

智能终端是利用移动和联通遍布全国的GSM网络，通过数字、文字、图像信息方式进行传输。利用信息传输实现远程报警、遥控、遥测的功能，数据传输不仅灵活方便，而且跨越远不可及或者密不可入的空间。智能终端设备是指那些具有多媒体功能的智能设备，这些设备具有支持音频、视频、数据等方面的功能，像可视电话、会议终端、内置多媒体等。

目前，智能终端已经从有线传输发展到无线传输，无线信号的发展更是助长了智能终端的飞跃式发展。

（二）APP软件

APP软件指的是手机应用软件。这里的APP指的是应用程序Application。APP技术原本是对软件进行加速运算或进行大型科学运算的技术。基于Paas开发平台开发出的APP，直接部署在云环境上，为企业进行集成，形成一种租用云服务的模式。同时，APP技术还可以应用于移动互联网中。在移动时代的大背景下，个人应用率先走进云时代。基于云平台的企业运行和居民生活，APP在移动互联网领域迎来了发展良机。

最开始APP只是作为一种第三方应用的合作形式参与到互联网商业活动中去的。随着互联网越来越开放化，APP作为一种Iphone的盈利模式开始被更多的互联网商业大亨看重，如淘宝开放平台、腾讯的微博开发平台、百度的百度应用平台等都是APP思想的具体表现。这些平台一方面可以积聚各种不同类型的网络受众，另一方面可以借助APP平台获取流量，其中包括大众流量和定向流量。

以海尔智能终端APP软件为主体的电器价值交互平台为例，它致力于实现从制造向服务的智能终端APP软件转型，打造虚实融合的用户价值交互平台，以物联网和物流服务为核心，把传统的物流配送环节转变为给用户提供服务，在这一过程中创造用户交互的价值，构建互联网时代用户体验引领的开放性平

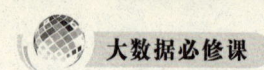

台。作为全球第一大白色家电集团,海尔的目标是为全球消费者享受美好的居住生活而提供完美的解决方案。为了实现对全球消费者的承诺,海尔白电集团依托自己拥有的冰箱、空调、洗衣机、热水器、厨电产品等白色家电产品,不断为全球消费者创造最新的生活体验与美好的智能化生活方式。同时,借助物联网,海尔将金融支付、社区内的监控管理系统、家庭内的家电连接系统融为一体,打造成海尔整体化智能设计体系。这些充分利用了云平台、大数据、智能终端、物联网的融合所带给企业的福利。

第二节 "互联网+"借助大数据升级传统产业

互联网可以结合云计算、大数据、物联网;互联网可以被植入传统产业。"互联网+"给传统产业带来了创新的思路。"互联网+零售"催生了电子商务;"互联网+制造业"带来了"工业4.0";"互联网+金融"诞生了无实体银行;"互联网+娱乐"形成了网络游戏。借助大数据的开发与应用,互联网甚至可以"+"各行各业,"互联网+"在改变着我们的生活,"互联网+"在颠覆着传统产业,可以说"互联网+"在改变着世界。

"互联网+"之所以被关注、被重视、被利用,写进政府工作报告之后实施"互联网+"计划,除去互联网本身跨越空间的互联、互通作用外,更重要的是互联网前端融合了诸如云计算、大数据、物联网等顶端科技,赋予创新、融合业态的驱动资源,并且在这些驱动资源的基础上后端融合了现有的传统产业,使之传统产业创新升级成为可能。对于互联网前端、后端共同融合的这一整套应用体系,我们称之为"互联网+"。

当前互联网发展已经不限于以往单一的"互联网行业",而是正在或已经向传统行业渗透、融合,赋予了传统行业新的活力、新的内涵、新的外延,形成了"互联网+传统行业"。"互联网+"所带给我们的将不仅仅是"网购""滴滴打车""网上阅读",它通过这样的方式颠覆传统行业、改变社会生活,并将在不久的将来改变整个世界。

一、"互联网+"借助大数据实现产业升级

我们期待未来世界,所期待的未来变化无非是经济的腾飞、科技的发达,而

我们谈到经济、科技无非是看不同产业、不同行业的发达程度、经营模式、管理模式、盈利模式。我们的产业分类无非是农业、工业、商业、服务业，而当下这些产业都已经或正在被互联网所融合。"互联网+"正在借助大数据重构产业经济模式，重塑经济未来发展方向；同时，无处不在的互联网也在重新定义我们的生活方式。因此，可以说"互联网+"将借助大数据重构未来世界。

（一）互联网农业初放异彩

智能化灌溉节约用水且适时高效；农资电商让购销简单容易且透明可控；农村互联网金融让资本开始眷顾农民；互联网农业信息化让农民不再自己盲目种植，市场变化让农民尽收眼底。

互联网渗透到从种植、管理到销售甚至到深加工，从土地流转到资本服务，从信息共享到网络学习之中。互联网的魅力在农业领域已经初放异彩。

（二）工业互联网席卷全球

德国倡导的"工业4.0"和我国的"中国制造2025"高度契合，"互联网+制造业"正是当下席卷全球的"工业4.0"。在"互联网"的驱动下，产品个性化、定制批量化、流程虚拟化、工厂智能化、物流智慧化等都将成为工业企业发展新的热点和趋势。"互联网+行动计划"会让中国在席卷全球的第四次工业革命中，不再像前三次工业革命那样是追随者、受益者，而成为第四次工业革命的实践者、领航者。

（三）互联网彻底颠覆商品流通行业

当下大量出现适合大众创业的"淘宝店""微商"，适合公司化运作的电子商务平台，适合进出口贸易的跨境电子商务平台。互联网对商品流通行业的颠覆最为彻底、最为明显，也最具成效。在2015年博鳌论坛上中央电视台经济频道做了一个题为"互联网时代适合个体创业还是集体创业"的辩论节目，辩论不在于谁输谁赢，而是让人们认识如何操作以及如何规避风险，让人们明白，过去"开公司"是有钱人的"专利"，现在也成了大学生的圆梦途径。

（四）互联网服务无处不在

互联网媒体、在线教育、网上阅读、互联网旅游、互联网医疗铺天盖地，电子邮件替代书信，QQ和微信甩掉电话，网上支付告别票据结算，这样的例子不胜

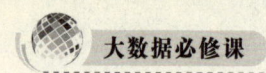

枚举。互联网对服务业的改变无处不在。

"互联网+"时代是一个"互联网+大众创业、万众创新"的时代,是一个"互联网+改变现在和未来世界"的时代。对于互联网还未触及的产业、行业、项目,可以发挥我们的想象和创新思维,利用"互联网+"的包容性、无边界的延展性实现各种融合,让互联网在更多的领域服务于我们的生活、重构我们的未来。

二、"互联网+"借助大数据改变未来

2015年"两会"期间国务院总理李克强答中外记者问时说过这样一句话:"站在'互联网+'的风口上顺势而为,会使中国经济飞起来。"

"互联网+"前端有了诸如云计算、大数据、物联网等顶端科技的资源支撑,后端重构了传统产业的创新升级。"互联网+"的确会让中国经济腾飞,再造中国经济的繁荣。

如果说社会的发展有赖于经济的驱动与意识的影响,那么互联网的诞生将彻底从这两个领域改变传统世界的游戏规则。首先,在经济领域,互联网对需求的引导、疏通与挖掘效应已经形成全球的共识,电子商务的崛起就是最有力的佐证;其次,在意识影响方面,互联网对于传统大机构的蚕食与替代愈加明显,小组织与个人的成长机会明显增多。

(一)互联网彻底打破了信息的非对称性

传统社会中,信息往往掌握在少数人的手中。典型的例子就是商场,商家通过较低的批发价进货,再以较高的零售价卖给顾客,从中赚取差价盈利。批发价对于顾客来说就是不对称信息,顾客无法获知商品批发价是多少;就算知道价格,也不清楚购买的渠道。电子商务网站的不断成熟让这种不对称性消失了,商品价格越来越透明,这就让传统的商务模式走向"失效"。所以,互联网让信息非对称性得以解除,彻底打破了传统的商业规则。这也是未来互联网商业世界迎来全新形态的起点。

(二)便利的信息交互带来个体发言权

互联网改变世界最大的贡献就是让每个个体都真正拥有了自己的"发言权"。虽然每个人都有表达的欲望和权利,但是在传统社会,表达并不是每个人

都拥有的机会。以微博、微信为代表的社交媒体让每个人都拥有了自己的"发言权",表达变得空前容易,与之相呼应的是社交媒体形成了一个个小型的社会群体,小型的社会群体又形成更大的组织,更大的组织让社会更充分地通过信息交互,为人们搭建了更加宽阔的平台。

(三)开放成为了新的社会标准

在传统社会中,为了某种特别原因人们对已经掌握的资源通常采取相对封闭的态度,不管是经济资源还是社会资源都相对封闭。然而在互联网时代,开放成了新的标准。封闭虽然可以保护一部分既得利益,但从长远角度来看终究会被开放的洪流所替代。腾讯通过开放不断强化自身的资源吸附能力,终于创造了微信的业界奇迹;百度在通过开放帮助用户创造价值的同时,也奠定了自身在国内搜索行业的霸主地位。而与此形成鲜明对比的是诺基亚等传统科技公司由于未能形成开放的机制而不得不早早地退出历史舞台。

促成互联网改变世界格局的因素还有很多,当世界由互联网充分联结的时候,大数据、云计算让整个人类社会形成一个规模巨大、能量巨大、颇具复杂性的全球大脑,各个领域的经验、智慧以及各种底层数据都通过无比强大的互联网连接起来并形成一种新的业态。

通过前两章的介绍,我们知道互联网、移动互联网已经或者正在改变我们的世界。互联网改变的不仅仅是大的产业,也在改变着我们每一个个体,互联网让我们的生活细节也在被改变。每当打开手机淘宝界面终端时,首先映入眼帘的是"淘不出掌心"这句广告词。正是这句普通的广告词促使互联网电子商务得以飞速发展,成就了马云,也带动了大众创业。互联网、移动互联网正改变这个世界,使人类的生活更加高品质、更加文明和自由。

例如,对办公室一族而言,现在一提上班,就会想到要本人到办公室里,打开个人电脑开始工作。假设,不过这个假设离我们不会太远,伴随着手机和移动互联网的飞速发展,手机的中央处理器系统进一步升级,手机屏幕超薄、超宽甚至能折叠,神州发射从1到9再从9到99,WIFI实现地球表面全覆盖,那么,我们打开手机就能够和领导、同事、客户、供应商互联互通,无论在什么地方都算是上班了,都能够开展工作。

"腕表"已经问世,它不仅仅具有手表的功能,通过互联网和智能终端它的手机、电脑、钟表、测试仪、治疗器、监控和遥控装置等功能一应俱全。手腕轻轻一摇迸射出一个无须实体空间的超清操作盘。未来的世界无须电脑、手机,更不用考虑网络布线、携带方式、办公桌空间太小等问题。20多年前"传呼机"一响羡慕死周围一群人,砖头般大小的"大哥大"让一群人好一个"耀武扬威",仅仅几年前人们就开始追求手机无天线、超薄、超小、超轻;电脑有了286就已经是先进的高科技了,没几年就被windows界面所替代;互联网刚刚20周年就已经链接到了你我他,未来的"互联网+"链接的不仅仅是你我他,而是整个产业、整个世界。高科技发展迅猛,"互联网+"在改变世界。

互联网医疗,机器人餐厅,个性化制造,旅游和理财,互联网不仅是带来产业的升级和经济的繁荣,也在改变着我们的日常生活和再造一个高品质的世界。"互联网+"的作用简直难以想象。

"互联网+"的迅猛发展都得益于大数据这一驱动资源,得益于大数据的不断开发与应用。

第四章

大数据在行动

"中国制造 2025"是一个政府纲要性规划的"工业 4.0"中国版本,也同样提出了对大数据开发与应用的课题。"中国制造 2025"和 2015 年"两会"期间的政府工作报告无不体现着"工业 4.0"的国家战略构想和以体现信息技术与制造技术深度融合的数字化、网络化、智能化制造的主线。

2015 年 8 月国务院印发的《促进大数据发展行动纲要》,更是给我们指明了方向、任务,让我们看了大数据逐步被开发和应用的蓝图。

大数据是以容量大、类型多、存取速度快、应用价值高为主要特征的数据集合,正快速发展为对数量巨大、来源分散、格式多样的数据进行采集、存储和关联分析,从中发现新知识、创造新价值、提升新能力的新一代信息技术和服务业态。

信息技术与经济社会的交汇融合引发了数据的迅猛增长,数据已成为国家基础性战略资源,大数据正日益对全球生产、流通、分配、消费活动以及经济运行机制、社会生活方式和国家治理能力产生重要影响。目前,我国在大数据发展和应用方面已具备一定的基础,拥有市场优势和发展潜力,但也存在政府数据开放共享不足、产业基础薄弱、缺乏顶层设计和统筹规划、法律法规建设滞后、创新应用领域不广等问题。全面推进我国大数据发展和应用,加快建设数据强国,成为贯彻落实党中央、国务院的决策、部署的重要任务。

第一节 发展大数据的意义和目标

全球范围内,运用大数据推动经济发展、完善社会治理、提升政府服务和监管能力正成为必然趋势,有关发达国家相继制定了发展大数据的战略性文件,大力推动大数据的发展和应用。目前,我国互联网、移动互联网用户规模居全球第一,拥有丰富的数据资源和应用市场优势,大数据部分关键技术研发取得突破,涌现出一批互联网创新企业和创新应用,一些地方政府已启动大数据相关工作。坚持创新驱动发展,加快大数据部署,深化大数据应用,已成为稳增长、促改革、调结构、惠民生和推动政府治理能力现代化的内在需要和必然选择。

一、大数据发展的意义

促进大数据的发展,应发挥市场在资源配置中的决定性作用,加强顶层设计和统筹协调,大力推动政府信息系统和公共数据互联开放共享,加快政府信息平台整合,消除信息孤岛,推进数据资源向社会开放,增强政府公信力,引导社会发展,服务公众企业;以企业为主体,营造宽松公平环境,加大大数据关键技术研发、产业发展和人才培养力度,着力推进数据汇集和发掘,深化大数据在各行业创新应用,促进大数据产业健康发展;完善法规制度和标准体系,科学规范利用大数据,切实保障数据安全。通过促进大数据发展,加快建设数据强国,释放技术红利、制度红利和创新红利,提升政府治理能力,推动经济转型升级。

(一)大数据是推动经济转型发展的新动力

以数据流引领技术流、物质流、资金流、人才流,将深刻影响社会分工协作的组织模式,促进生产组织方式的集约和创新。大数据能推动社会生产要素的网络化共享、集约化整合、协作化开发和高效化利用,能改变传统的生产方式和经济运行机制,可显著提升经济运行水平和效率。大数据能持续激发商业模式创新,不断催生新业态,成为互联网等新兴领域促进业务创新增值、提升企业核心价值的重要驱动力。大数据产业正在成为新的经济增长点,将对未来信息产业格局产生重要影响。

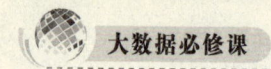

（二）发展大数据是重塑国家竞争优势的新机遇

在全球信息化快速发展的大背景下，大数据已成为国家重要的基础性战略资源，正引领新一轮科技创新。充分利用我国的数据规模优势，实现数据规模、质量和应用水平同步提升，发掘和释放数据资源的潜在价值，有利于更好发挥数据资源的战略作用，增强网络空间数据主权保护能力，维护国家安全，有效提升国家竞争力。

（三）大数据成为提升政府治理能力的新途径

大数据应用能揭示传统技术方式难以展现的关联关系，推动政府数据开放共享，促进社会事业数据融合和资源整合，极大地提升政府整体数据分析能力，为有效处理复杂社会问题提供新的手段。建立"用数据说话、用数据决策、用数据管理、用数据创新"的管理机制，实现基于数据的科学决策，将推动政府管理理念和社会治理模式的进步，加快建设与社会主义市场经济体制和中国特色社会主义事业发展相适应的法治政府、创新政府、廉洁政府和服务型政府，逐步实现政府治理能力现代化。

二、大数据发展的目标

推动大数据的发展和应用，要立足于我国国情和现实需要，在未来五到十年逐步实现打造精准治理、多方协作的社会治理新模式，建立运行平稳、安全高效的经济运行新机制，构建以人为本、惠及全民的民生服务新体系，开启大众创业、万众创新的创新驱动新格局，培育高端智能、繁荣的产业发展新生态的总体目标。

（一）打造精准治理、多方协作的社会治理新模式

将大数据作为提升政府治理能力的重要手段，通过高效采集、有效整合、深化应用政府数据和社会数据，提升政府决策和风险防范水平，提高社会治理的精准性和有效性，增强乡村社会治理能力；助力简政放权，支持从事前审批向事中事后监管转变，推动商事制度改革；促进政府监管和社会监督有机结合，有效地调动社会力量参与社会治理的积极性。

（二）建立运行平稳、安全高效的经济运行新机制

充分运用大数据，不断提升信用、财政、金融、税收、农业、统计、进出口、资

源环境、产品质量、企业登记监管等领域数据资源的获取和利用能力,丰富经济统计数据来源,实现对经济运行更为准确的监测、分析、预测、预警,提高决策的针对性、科学性和时效性,提升宏观调控以及产业发展、信用体系、市场监管等方面管理效能,保障供需平衡,促进经济平稳运行。

(三)构建以人为本、惠及全民的民生服务新体系

围绕服务型政府建设,在公用事业、市政管理、城乡环境、农村生活、健康医疗、减灾救灾、社会救助、养老服务、劳动就业、社会保障、文化教育、交通旅游、质量安全、消费维权、社区服务等领域全面推广大数据应用,利用大数据洞察民生需求、优化资源配置、丰富服务内容、拓展服务渠道、扩大服务范围、提高服务质量,提升城市辐射能力,推动公共服务向基层延伸,缩小城乡、区域差距,促进形成公平普惠、便捷高效的民生服务体系,不断满足人民群众日益增长的个性化、多样化需求。

(四)开启大众创业、万众创新的创新驱动新格局

形成公共数据资源合理适度开放共享的法规制度和政策体系,2018年底前建成国家政府数据统一开放平台,率先在信用、交通、医疗、卫生、就业、社保、地理、文化、教育、科技、资源、农业、环境、安监、金融、质量、统计、气象、海洋、企业登记监管等重要领域实现公共数据资源合理适度向社会开放,带动社会公众开展大数据增值性、公益性开发和创新应用,充分释放数据红利,激发大众创业、万众创新的活力。

(五)培育高端智能、新兴繁荣的产业发展新生态

推动大数据与云计算、物联网、移动互联网等新一代信息技术融合发展,探索大数据与传统产业协同发展的新业态、新模式,促进传统产业转型升级和新兴产业发展,培育新的经济增长点。形成一批能满足大数据重大应用需求的产品、系统和解决方案,建立安全可信的大数据技术体系,大数据产品和服务达到国际先进水平,国内市场占有率显著提高。培育一批面向全球的骨干企业和特色鲜明的创新型中小企业。构建政、产、学、研、用多方联动、协调发展的大数据产业生态体系。

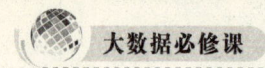

第二节 发展大数据的任务和机制

中国发展大数据的任务是加快政府数据开放共享,推动资源整合,提升治理能力;推动产业创新发展,培育新兴业态,助力经济转型;强化安全保障,提高管理水平,促进健康发展。为保证任务的顺利实施,从大数据运营机制上,不断完善组织实施机制,加快法规制度建设,健全市场发展机制,建立标准规范体系,加大财政金融支持,培养大数据专业人才,促进国际交流合作。

一、大数据发展的任务

(一)开放共享、资源整合、综合治理

制定政府数据资源共享管理办法,整合政府部门公共数据资源,促进互联互通,提高共享能力,提升政府数据的一致性和准确性。2017年底前,明确各部门数据共享的范围边界和使用方式,跨部门数据资源共享共用格局基本形成。

充分利用统一的国家电子政务网络,构建跨部门的政府数据统一共享交换平台;到2018年,中央政府层面实现数据统一共享交换平台的全覆盖,实现金税、金关、金财、金审、金盾、金宏、金保、金土、金农、金水、金质等信息系统通过统一平台进行数据共享和交换。

建立政府部门和事业单位等公共机构数据资源清单,制定并实施政府数据开放共享标准,制订数据开放计划。2018年底前,建成国家政府数据统一开放平台。2020年底前,逐步实现信用、交通、医疗、卫生、就业、社保、地理、文化、教育、科技、资源、农业、环境、安监、金融、质量、统计、气象、海洋、企业登记监管等民生保障服务相关领域的政府数据集向社会开放。加快政府数据开放共享,推动资源整合,提升治理能力。

1. 大力推动政府部门数据共享

加强顶层设计和统筹规划,明确各部门数据共享的范围边界和使用方式,厘清各部门数据管理及共享的义务和权利,依托政府数据统一共享交换平台,大力推进国家人口基础信息库、法人单位信息资源库、自然资源和空间地理基础信息库等国家基础数据资源,以及金税、金关、金财、金审、金盾、金宏、金保、金土、金农、金水、金质等信息系统跨部门、跨区域共享。加快各地区、各部门、

各有关企事业单位及社会组织信用信息系统的互联互通和信息共享,丰富面向公众的信用信息服务,提高政府服务和监管水平。结合信息惠民工程实施和智慧城市建设,推动中央部门与地方政府条块结合、联合试点,实现公共服务的多方数据共享、制度对接和协同配合。

2.稳步推动公共数据资源开放

在依法加强安全保障和隐私保护的前提下,稳步推动公共数据资源开放。推动建立政府部门和事业单位等公共机构数据资源清单工作,按照"增量先行"的方式加强对政府部门数据的国家统筹管理,加快建设国家政府数据统一开放平台。制订公共机构数据开放计划,落实数据开放和维护责任,推进公共机构数据资源统一汇聚和集中向社会开放,提升政府数据开放共享标准化程度,优先推动信用、交通、医疗、卫生、就业、社保、地理、文化、教育、科技、资源、农业、环境、安监、金融、质量、统计、气象、海洋、企业登记监管等民生保障服务相关领域的政府数据集向社会开放。建立政府和社会互动的大数据采集形成机制,制定政府数据共享开放目录。通过政务数据公开共享,引导企业、行业协会、科研机构、社会组织等主动采集并开放数据。

3.统筹规划大数据基础设施建设

严格控制新建平台,依托现有平台资源,在地市级以上(含地市级)政府集中构建统一的互联网政务数据服务平台和信息惠民服务平台,在基层街道、社区统一应用,并逐步向农村特别是农村社区延伸。除国务院另有规定外,原则上不再审批有关部门、地市级以下(不含地市级)政府新建孤立的信息平台和信息系统。到2018年,中央层面构建形成统一的互联网政务数据服务平台;国家信息惠民试点城市实现基础信息集中采集、多方利用,实现公共服务和社会信息服务的全人群覆盖、全天候受理和"一站式"办理。

整合分散的数据中心资源,充分利用现有政府和社会数据中心资源,运用云计算技术,整合规模小、效率低、能耗高的分散数据中心,构建形成布局合理、规模适度、保障有力、绿色集约的政务数据中心体系。统筹发挥各部门已建数据中心的作用,严格控制部门新建数据中心。开展区域试点,推进贵州等大数据综合试验区建设,促进区域性大数据基础设施的整合和数据资源的汇聚应用。

加快完善国家基础信息资源体系,加快建设并完善国家人口基础信息库、法人单位信息资源库、自然资源和空间地理基础信息库等基础信息资源体系。依托现有相关信息系统，逐步完善健康、社保、就业、能源、信用、统计、质量、国土、农业、城乡建设、企业登记监管等重要领域信息资源。到2018年，跨部门共享校核的国家人口基础信息库、法人单位信息资源库、自然资源和空间地理基础信息库等国家基础信息资源体系基本建成，实现与各领域信息资源的汇聚整合和关联应用。

加强互联网信息采集利用，加强顶层设计，树立国际视野，充分利用已有资源，加强互联网信息采集、保存和分析能力建设，制定完善互联网信息保存相关法律法规，构建互联网信息保存和信息服务体系。

结合国家政务信息化工程建设规划，统筹政务数据资源和社会数据资源，布局国家大数据平台、数据中心等基础设施建设。加快完善国家人口基础信息库、法人单位信息资源库、自然资源和空间地理基础信息库等基础信息资源体系和健康、就业、社保、能源、信用、统计、质量、国土、农业、城乡建设、企业登记监管等重要领域信息资源体系，加强与社会大数据的汇聚整合和关联分析。推动国民经济动员大数据应用。加强军民信息资源共享。充分利用现有企业、政府等数据资源和平台设施，注重对现有数据中心及服务器资源的改造和利用，建设绿色环保、低成本、高效率、基于云计算的大数据基础设施和区域性、行业性数据汇聚平台，避免盲目建设和重复投资。加强对互联网重要数据资源的备份及保护。

4. 支持宏观调控科学化

建立国家宏观调控数据体系，及时发布有关统计指标和数据，强化互联网数据资源利用和信息服务，加强与政务数据资源的关联分析和融合利用，为政府开展金融、税收、审计、统计、农业、规划、消费、投资、进出口、城乡建设、劳动就业、收入分配、电力及产业运行、质量安全、节能减排等领域运行动态监测、产业安全预测预警以及转变发展方式分析决策提供信息支持，提高宏观调控的科学性、预见性和有效性。

5. 推动政府治理精准化

在企业监管、质量安全、节能降耗、环境保护、食品安全、安全生产、信用体系建设、旅游服务等领域，推动有关政府部门和企事业单位将市场监管、检验检测、违法失信、企业生产经营、销售物流、投诉举报、消费维权等数据进行汇聚整合和关联分析,统一公示企业信用信息,预警企业不正当行为,提升政府决策和风险防范能力,支持加强事中事后监管和服务,提高监管和服务的针对性、有效性。推动改进政府管理和公共治理方式,借助大数据实现政府负面清单、权力清单和责任清单的透明化管理完善大数据监督和技术反腐体系,促进政府简政放权、依法行政。

6. 推进商事服务便捷化

加快建立公民、法人和其他组织统一社会信用代码制度,依托全国统一的信用信息共享交换平台,建设企业信用信息公示系统和"信用中国"网站,共享整合各地区、各领域信用信息,为社会公众提供查询注册登记、行政许可、行政处罚等各类信用信息的一站式服务。在全面实行工商营业执照、组织机构代码证和税务登记证"三证合一""一照一码"登记制度改革中,积极运用大数据手段,简化办理程序。建立项目并联审批平台,形成网上审批大数据资源库,实现跨部门、跨层级项目审批、核准、备案的统一受理、同步审查、信息共享、透明公开。鼓励政府部门高效采集、有效整合并充分运用政府数据和社会数据,掌握企业需求,推动行政管理流程优化再造,在注册登记、市场准入等商事服务中提供更加便捷有效、更有针对性的服务。利用大数据等手段,密切跟踪中小微企业特别是新设小微企业运行情况,为完善相关政策提供支持。

7. 促进安全保障高效化

推动宏观调控决策支持、风险预警和执行监督大数据应用,统筹利用政府和社会数据资源,探索建立国家宏观调控决策支持、风险预警和执行监督大数据应用体系。到2018年,开展政府和社会合作开发利用大数据试点,完善金融、税收、审计、统计、农业、规划、消费、投资、进出口、城乡建设、劳动就业、收入分配、电力及产业运行、质量安全、节能减排等领域国民经济相关数据的采集和利用机制,推进各级政府按照统一体系开展数据采集和综合利用,加强对宏观调控决策的支撑。

推动信用信息共享机制和信用信息系统建设,加快建立统一社会信用代码制度,建立信用信息共享交换机制。充分利用社会各方面信息资源,推动公共信用数据与互联网、移动互联网、电子商务等数据的汇聚整合,鼓励互联网企业运用大数据技术建立市场化的第三方信用信息共享平台,使政府主导征信体系的权威性和互联网大数据征信平台的规模效应得到充分发挥;依托全国统一的信用信息共享交换平台,建设企业信用信息公示系统,实现覆盖各级政府、各类别信用主体的基础信用信息共享,初步建成社会信用体系,为经济高效运行提供全面准确的基础信用信息服务。

建设社会治理大数据应用体系。到2018年,围绕实施区域协调发展、新型城镇化等重大战略和主体功能区规划,在企业监管、质量安全、质量诚信、节能降耗、环境保护、食品安全、安全生产、信用体系建设、旅游服务等领域探索建立一批应用试点,打通政府部门、企事业单位之间的数据壁垒,实现合作开发和综合利用。实时采集并汇总分析政府部门和企事业单位的市场监管、检验检测、违法失信、企业生产经营、销售物流、投诉举报、消费维权等数据,有效地提升各级政府的社会治理能力。

加强有关执法部门间的数据流通,在法律许可和确保安全的前提下,加强对社会治理相关领域数据的归集、发掘及关联分析,强化对妥善应对和处理重大突发公共事件的数据支持,提高公共安全保障能力,推动构建智能防控、综合治理的公共安全体系的工作,维护国家安全和社会安定。

8. 加快民生服务普惠化

在医疗健康服务大数据方面,构建电子健康档案、电子病历数据库,建设覆盖公共卫生、医疗服务、医疗保障、药品供应、计划生育和综合管理业务的医疗健康管理和服务大数据应用体系。探索开展预约挂号、分级诊疗、远程医疗、检查检验结果共享、防治结合、医养结合、健康咨询等服务,形成规范、共享、互信的诊疗流程。鼓励和规范有关企事业单位开展医疗健康大数据创新应用研究,构建综合健康服务应用体系。

在社会保障服务大数据方面,建设由城市延伸到农村的统一社会救助、社会福利、社会保障大数据平台,加强与相关部门的数据对接和信息共享,支撑大数据在劳动用工和社保基金监管、医疗保险对医疗服务行为监控、劳动保障监察、内控稽核以及人力资源社会保障相关政策制定和执行效果跟踪评价等方面的应用。利用大数据创新服务模式,为社会公众提供更为个性化、更具针对性的服务。

在教育文化大数据方面,完善教育管理公共服务平台,推动教育基础数据的伴随式收集和全国互通共享。建立各阶段适龄入学人口基础数据库、学生基础数据库和终身电子学籍档案,实现学生学籍档案在不同教育阶段的纵向贯通。推动构建覆盖全国、协同服务、全网互通的教育资源云服务体系的工作。发挥大数据对变革教育方式、促进教育公平、提升教育质量的支撑作用。加强数字图书馆、档案馆、博物馆、美术馆和文化馆等公益设施建设,构建文化传播大数据综合服务平台,传播中国文化,为社会提供文化服务。

在交通旅游服务大数据方面,探索开展交通、公安、气象、安监、地震、测绘等跨部门、跨地域数据融合和协同创新。建立综合交通服务大数据平台,共同利用大数据提升协同管理和公共服务能力;积极吸引社会优质资源,利用交通大数据开展出行信息服务、交通诱导等增值服务。建立旅游投诉及评价全媒体交互中心,实现对旅游城市、重点景区游客流量的监控、预警和及时分流疏导,为规范市场秩序、方便游客出行、提升旅游服务水平、促进旅游消费和旅游产业转型升级提供有力支撑。

结合新型城镇化发展、信息惠民工程实施和智慧城市建设,以优化提升民生服务、激发社会活力、促进大数据应用市场化服务为重点,引导鼓励企业和社会机构开展创新应用研究,深入发掘公共服务数据,在城乡建设、人居环境、健康医疗、社会救助、养老服务、劳动就业、社会保障、质量安全、文化教育、交通旅游、消费维权、城乡服务等领域开展大数据应用示范,推动传统公共服务数据与互联网、移动互联网、可穿戴设备等数据的汇聚整合,开发各类便民应用,优化公共资源配置,提升公共服务水平。

(二)推动创新、培育业态、助力转型

在工业大数据应用方面,利用大数据推动信息化和工业化深度融合,研究推动大数据在研发设计、生产制造、经营管理、市场营销、售后服务等产业链各环节的应用,研发面向不同行业、不同环节的大数据分析应用平台,选择典型企业、重点行业、重点地区开展工业企业大数据应用项目试点,积极推动制造业网络化和智能化。

在服务业大数据应用方面,利用大数据支持品牌建立、产品定位、精准营销、认证认可、质量诚信提升和定制服务等,研发面向服务业的大数据解决方案,扩大服务范围,增强服务能力,提升服务质量,鼓励创新商业模式、服务内容和服务形式。

在培育数据应用新业态方面,积极推动不同行业大数据的聚合、大数据与其他行业的融合,大力培育互联网金融、数据服务、数据处理分析、数据影视、数据探矿、数据化学、数据材料、数据制药等新业态。

在电子商务大数据应用方面，推动大数据在电子商务中的应用，充分利用电子商务中形成的大数据资源为政府实施市场监管和调控服务。电子商务企业应依法向政府部门报送数据。

1. 发展工业大数据

推动大数据在工业研发设计、生产制造、经营管理、市场营销、售后服务等产品全生命周期、产业链全流程各环节的应用，分析感知用户需求，提升产品附加价值，打造智能工厂。建立面向不同行业、不同环节的工业大数据资源聚合和分析应用平台。抓住互联网跨界融合机遇，促进大数据、物联网、云计算和三维（3D）打印技术、个性化定制等在制造业全产业链的集成运用，推动制造模式变革和工业转型升级。

2. 发展新兴产业大数据

大力培育互联网金融、数据服务、数据探矿、数据化学、数据材料、数据制药等新业态，提升相关产业大数据资源的采集获取和分析利用能力，充分发掘数据资源支撑创新的潜力，带动技术研发体系创新、管理方式变革、商业模式创新和产业价值链体系重构，推动跨领域、跨行业的数据融合和协同创新，促进战略性新兴产业发展、服务业创新发展和信息消费扩大，探索形成协同发展的新业态、新模式，培育新的经济增长点。

3. 发展农业农村大数据

构建面向农业农村的综合信息服务体系，为农民生产生活提供综合、高效、便捷的信息服务，缩小城乡数字鸿沟，促进城乡发展一体化。加强农业农村经济大数据建设，完善村、县相关数据采集、传输、共享等基础设施，建立农业农村数据采集、运算、应用、服务体系，强化农村生态环境治理，增强乡村社会治理能力。统筹国内国际农业数据资源，强化农业资源要素数据的集聚利用，提升预测预警能力。整合构建国家涉农大数据中心，推进各地区、各行业、各领域涉农数据资源的共享开放，加强数据资源发掘运用。加快农业大数据关键技术研发，加大示范力度，提升生产智能化、经营网络化、管理高效化、服务便捷化能力和水平。

在农业农村信息综合服务方面，充分利用现有数据资源，完善相关数据采集共享功能，完善信息进村入户村级站的数据采集和信息发布功能，建设农产品全球生产、消费、库存、进出口、价格、成本等数据调查分析系统工程,构建面向农业农村的综合信息服务平台,涵盖农业生产、经营、管理、服务和农村环境整治等环节,集聚公益服务、便民服务、电子商务和网络服务于一体,为农业发展、农村建设和农民生活提供综合、高效、便捷的信息服务;加强全球农业调查分析,引导国内农产品生产和消费,完善农产品价格形成机制,缩小城乡数字鸿沟,促进城乡发展一体化。

在农业资源要素数据共享方面,利用物联网、云计算、卫星遥感等技术建立我国农业耕地、草原、林地、水利设施、水资源、农业设施设备、新型经营主体、农业劳动力、金融资本等资源要素数据监测体系,可以促进农业环境、气象、生态等信息共享,构建农业资源要素数据共享平台,为各级政府、企业、农户提供农业资源数据查询服务,鼓励各类市场主体充分发掘平台数据,开发测土配方施肥、统防统治、农业保险等服务。

在农产品质量安全信息服务方面,建立农产品生产的生态环境、生产资料、生产过程、市场流通、加工储藏、检验检测等数据共享机制,推进数据实现自动化采集、网络化传输、标准化处理和可视化运用,提高数据的真实性、准确性、及时性和关联性;与农产品电子商务等交易平台互联共享,实现各环节信息可查询、来源可追溯、去向可跟踪、责任可追究,实现种子、农药、化肥等重要生产资料信息可追溯,为生产者、消费者、监管者提供农产品质量安全信息服务,促进农产品消费安全。

4. 发展万众创新大数据

适应国家创新驱动发展战略,实施大数据创新行动计划,鼓励企业和公众发掘、利用开放数据资源,激发创新创业活力,促进创新链和产业链深度融合,推动大数据发展与科研创新有机结合,形成大数据驱动型的科研创新模式,打通科技创新和经济社会发展之间的通道,推动万众创新、开放创新和联动创新。

在大数据创新应用方面,通过应用创新开发竞赛、服务外包、社会众包、助推计划、补助奖励、应用培训等方式,鼓励企业和公众发掘利用开放数据资源,激发创新创业活力。

在大数据创新服务方面,面向经济社会发展需求,研发一批大数据公共服务产品,实现不同行业、领域大数据的融合,扩大服务范围,提高服务能力。

发展科学大数据,要积极推动由国家公共财政支持的公益性科研活动获取和产生的科学数据逐步开放共享,构建科学大数据国家重大基础设施,实现对国家重要科技数据的权威汇集、长期保存、集成管理和全面共享;面向经济社会发展需求,发展科学大数据应用服务中心,支持解决经济社会发展和国家安全重大问题。

知识应服务大数据应用,利用大数据、云计算等技术对各领域知识进行大规模整合,搭建层次清晰、覆盖全面、内容准确的知识资源库群,建立国家知识服务平台与知识资源服务中心,形成以国家平台为枢纽、行业平台为支撑,覆盖国民经济主要领域,分布合理、互联互通的国家知识服务体系,为生产生活提供精准、高水平的知识服务,提高我国知识资源的生产与供给能力。

5. 推进基础研究和核心技术攻关

围绕数据科学理论体系、大数据计算系统与分析理论、大数据驱动的颠覆性应用模型探索等重大基础研究进行前瞻布局,开展数据科学研究,引导和鼓励在大数据理论、方法及关键应用技术等方面展开探索。采取政、产、学、研、用相结合的协同创新模式和基于开源社区的开放创新模式,加强海量数据存储、数据清洗、数据分析发掘、数据可视化、信息安全与隐私保护等领域关键技术攻关,形成安全可靠的大数据技术体系;支持自然语言理解、机器学习、深度学习等人工智能技术创新,提升数据分析处理能力、知识发现能力和辅助决策能力。

6. 形成大数据产品体系

围绕数据采集、整理、分析、发掘、展现、应用等环节,支持大型通用海量数据存储与管理软件、大数据分析发掘软件、数据可视化软件等软件产品和海量数据存储设备、大数据一体机等硬件产品开发,带动芯片、操作系统等信息技术核心基础产品发展,打造较为健全的大数据产品体系,大力发展与重点行业领域业务流程及数据应用需求深度融合的大数据解决方案。

通过优化整合后的国家科技计划(专项、基金等),支持符合条件的大数据关键技术研发。

加强大数据基础研究,融合数理科学、计算机科学、社会科学及其他应用学科,以研究相关性和复杂网络为主,探讨建立数据科学的学科体系;研究面向大数据计算的新体系和大数据分析理论,突破大数据认知与处理的技术瓶颈;面向网络、安全、金融、生物组学、健康医疗等重点需求,探索建立数据科学驱动行业应用的模型。

对大数据技术产品的研发，要加大投入力度，加强数据存储、整理、分析处理、可视化、信息安全与隐私保护等领域技术产品的研发，突破关键环节技术瓶颈。到2020年，形成一批具有国际竞争力的大数据处理、分析、可视化软件和硬件支撑平台等产品。

要提升大数据技术服务能力，促进大数据与各行业应用的深度融合，形成一批代表性应用案例，以应用带动大数据技术和产品研发，形成面向各行业的成熟的大数据解决方案。

7. 完善大数据产业链

支持企业开展基于大数据的第三方数据分析发掘服务、技术外包服务和知识流程外包服务。鼓励企业根据数据资源基础和业务特色，积极发展互联网金融和移动金融等新业态。推动大数据与移动互联网、物联网、云计算的深度融合，深化大数据在各行业的创新应用，积极探索创新、协作、共赢的应用模式和商业模式。加强大数据应用创新能力建设，建立政、产、学、研、用联动及大、中、小企业协调发展的大数据产业体系。建立和完善大数据产业公共服务支撑体系，组建大数据开源社区和产业联盟，促进协同创新，加快计量、标准化、检验检测和认证认可等大数据产业质量技术基础建设，加速大数据的应用普及。

培育骨干企业，完善政策体系，着力营造服务环境优、要素成本低的良好氛围，加速培育大数据龙头骨干企业。充分发挥骨干企业的带动作用，形成大、中、小企业相互支撑、协同合作的大数据产业生态体系。到2020年，培育10家国际领先的大数据核心龙头企业，500家大数据应用、服务和产品制造企业。

要强化大数据产业的公共服务，整合优质公共服务资源，汇聚海量数据资源，形成面向大数据相关领域的公共服务平台，为企业和用户提供研发设计、技术产业化、人力资源、市场推广、评估评价、认证认可、检验检测、宣传展示、应用推广、行业咨询、投融资、教育培训等公共服务。

在中、小、微企业公共服务大数据方面，要整合现有中小微企业公共服务系统与数据资源，链接各省（区、市）建成的中、小、微企业公共服务线上管理系统，形成全国统一的中、小、微企业公共服务大数据平台，为中、小、微企业提供科技服务、综合服务、商贸服务等各类公共服务。

（三）强化安全，提高管理，促进发展

在涉及国家安全稳定的领域采用安全可靠的产品和服务。到2020年，实现关键部门的关键设备安全可靠。完善网络安全保密防护体系,明确数据采集、传输、存储、使用、开放等各环节保障网络安全的范围边界、责任主体和具体要求,建设并完善金融、能源、交通、电信、统计、广电、公共安全、公共事业等重要数据资源和信息系统的安全保密防护体系。通过对网络安全威胁特征、方法、模式的追踪、分析,实现对网络安全威胁及时识别与有效防护的新技术、新方法。强化资源整合与信息共享,建立网络安全信息共享机制,推动政府、行业、企业间的网络风险信息共享,通过大数据分析对网络安全重大事件进行预警、研判和应对指挥。

1. 健全大数据安全保障体系

加强大数据环境下的网络安全问题研究和基于大数据的网络安全技术研究,落实信息安全等级保护、风险评估等网络安全制度,建立健全大数据安全保障体系。建立大数据安全评估体系。切实加强关键信息基础设施的安全防护,做好大数据平台及服务商的可靠性及安全性评测、应用安全评测、监测预警和风险评估。明确数据采集、传输、存储、使用、开放等各环节保障网络安全的范围边界、责任主体和具体要求,切实加强对涉及国家利益、公共安全、商业秘密、个人隐私、军工科研生产等信息的保护。妥善处理发展创新与保障安全之间的关系,审慎监管,保护创新,完善安全保密管理规范和措施,切实保障数据安全。

2. 强化安全支撑

采用安全可信产品和服务,提升基础设施关键设备的安全可靠水平。建设国家网络安全信息汇聚共享和关联分析平台,促进网络安全相关数据融合和资源合理分配,提升重大网络安全事件应急处理能力;深化网络安全防护体系和态势感知能力建设,增强网络空间安全防护和安全事件识别能力。开展安全监测和预警通报工作,提高大数据环境下防攻击、防泄露、防窃取的监测、预警、控制和应急处置能力。

二、大数据发展的机制

(一)完善组织实施机制

建立国家大数据发展和应用统筹协调机制,推动形成职责明晰、协同推进的工作格局。加强大数据重大问题研究,加快制定、出台配套政策,强化国家数据资源统筹管理。加强大数据与物联网、智慧城市、云计算等相关政策、规划的协同。加强中央与地方的协调，引导地方各级政府结合自身条件合理定位、科学谋划，将大数据发展纳入本地区经济社会和城镇化发展规划，制定、出台促进大数据产业发展的政策措施，突出区域特色和分工，抓好措施落实，实现科学有序的发展。设立大数据专家咨询委员会，为大数据发展、应用及相关工程实施提供决策咨询。各有关部门要进一步统一思想，认真落实本行动纲要提出的各项任务，共同推动公共信息资源共享共用和大数据产业健康安全发展良好格局的形成。

（二）加快法治制度建设

修订政府信息公开条例。积极研究数据开放、保护等方面制度，实现对数据资源采集、传输、存储、利用、开放的规范管理，促进政府数据在风险可控原则下最大限度开放，明确政府统筹利用市场主体大数据的权限及范围。制定政府信息资源管理办法，建立政府部门数据资源统筹管理和共享复用制度。推动网上个人信息保护立法工作，界定个人信息采集应用的范围和方式，明确相关主体的权利、责任和义务，加强对数据滥用、侵犯个人隐私等行为的管理和惩戒。出台相关法律法规，加强对基础信息网络和关键行业领域重要信息系统的安全保护，保障网络数据安全。推动与数据资源权益相关的立法工作。

（三）健全市场发展机制

建立市场化的数据应用机制，在保障公平竞争的前提下，支持社会资本参与公共服务建设。鼓励政府与企业、社会机构开展合作，通过政府采购、服务外包、社会众包等多种方式，依托专业企业开展政府大数据应用，降低社会管理成本。引导培育大数据交易市场，开展面向应用的数据交易市场试点，开展大数据衍生产品交易，鼓励产业链各环节市场主体进行数据交换和交易，促进数据资源流通，建立健全数据资源交易机制和定价机制，规范交易行为。

（四）建立标准规范体系

推进大数据产业标准体系建设，加快建立政府部门、事业单位等公共机构的数据标准和统计标准体系，推进数据采集、政府数据开放、指标口径、分类目录、交换接口、访问接口、数据质量、数据交易、技术产品、安全保密等关键共性

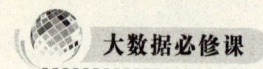

标准的制定和实施。加快建立大数据市场交易标准体系。开展标准验证和应用试点示范,建立标准符合性评估体系,充分发挥标准在培育服务市场、提升服务能力、支撑行业管理等方面的作用。积极参与相关国际标准制定工作。

(五)加大财政金融支持

强化中央财政资金引导,集中力量支持大数据核心关键技术攻关、产业链构建、重大应用示范和公共服务平台建设等。利用现有资金渠道,推动建设一批国际领先的重大示范工程。完善政府采购大数据服务的配套政策,加大对政府部门和企业合作开发大数据的支持力度。鼓励金融机构加强和改进金融服务,加大对大数据企业的支持力度。鼓励大数据企业进入资本市场融资,努力为企业重组并购创造更加宽松的金融政策环境。引导创业投资基金投向大数据产业,鼓励设立一批投资于大数据产业领域的创业投资基金。

(六)加强专业人才培养

创新人才培养模式,建立健全多层次、多类型的大数据人才培养体系。鼓励高校设立数据科学和数据工程专业,重点培养专业化数据工程师等大数据专业人才。鼓励采取跨校联合培养等方式开展跨学科大数据综合型人才培养,大力培养具有统计分析、计算机技术、经济管理等多学科知识的跨界复合型人才。鼓励高等院校、职业院校和企业合作,加强职业技能人才实践培养,积极培养大数据技术和应用创新型人才。依托社会化教育资源,开展大数据知识普及和教育培训,提高社会整体认知和应用水平。

第五章

大数据资产会计畅想

数字不是数据，数据也不是大量数字，大量数据也尚不能界定为大数据。当企业针对某个领域、某个事项、某种目标进行前期调查、调研、抽样、统计等研究时，或者针对基础资料进行筛选、整理、分类、分析等后期系统加工处理开发时，再或者企业支付对价购买取得数据基础资料时，将归集的对象化了的成本费用确认为研发成本，进而结转到大数据资产科目，或者无形资产项下的子目，之后进行大数据资产的使用权让渡以及大数据资产的摊销，这应该是大数据会计。

大数据时代将对经济学、管理学、政治学、社会学、组织学等很多学科领域产生巨大甚至根本意义上的改变。那么，对会计学或者说会计处理方法、流程、实务的影响不言而喻。大数据是经过系统整理，储存在现实或虚拟空间里，能够提供一定价值的信息资源。即大数据企业或大数据研究机构首先通过过去交易或事项合法取得，其次能够拥有或控制，可以带来经济利益的资产。

从会计学的范畴来看，对大数据合理地进行确认和计量，正确地进行会计处理，公允地体现在会计报表上，这是大数据作为一项新型企业资产研究的课题。站在大数据逐步产业化的层面上，立足于雨后春笋般诞生的众多大数据企业和大数据研究机构的角度，让大数据资产走进大数据企业会计报表具有现实意义和深远影响。

如何对大数据资产进行确认、计量、记录、报告还有待相关政策、法规的完善。目前仅仅是对大数据会计的初探，但大数据企业是已经存在的企业类型，大数据资产也无疑要计入企业的会计报表，这对大数据企业本身和整个社会的大数据产业以及大数据会计人才培养都是必修课题，在今天或者暂且称为大数据会计的畅想。

第一节 大数据会计的背景培育与技术支持

独立的数字、零散的数据尚不能界定为大数据,但是它们却是形成大数据产品的基础原料。原料的价格相对于产品而言自然低廉一些,特别是对于大数据产品这样的无形资产,其原料更是低廉得可怜。

的确,有些样本的取得是简单且价格低廉的,但有些基础原料的取得却是需要前期花费高额成本的。比如人口普查、经济调查等等前期都花费了大量的人力、物力、财力。只是目前这些基础样本的持有者没有法律的约束,没有或者淡薄地意识到这些基础样本的价值所在。伴随着人们"数据资料信息本身是有价值"的意识的增强,就会逐渐形成一个市场,形成一个数据原材料、大数据设备、大数据人才、大数据产品市场。这些都将逐渐形成大数据确认的背景培育土壤。

关于大数据资产的计量,从理论上来讲并不复杂,但是实际操作过程中,需要太多的技术支持,或者说需要太多账务处理的合法依据。购买大数据资产支付的对价是否合理,这不能停留在供求双方的合同、协议上,不管是由供方提供发票还是由需方到税务机关代开发票,其发票的金额应当是在对应合同协议的基础上,由税务机关制定最低计税标准,或者借助大数据资产评估机构确立的评估值;还有,投资者投入的大数据资产是否为公允价,也存在类似的问题。

发票可以是增值税普通发票,也可以是增值税专用发票,但是,只有开具发票税务机关才能掌控大数据资产的交易流转税,供方企业或自然人才能从源头上缴纳增值税及其附加,需方企业才能获得合法的企业所得税税前扣除依据。

对于评估而言,首先就是完善大数据资产的资产评估准则、细则、操作指南;其次是培养大数据资产评估专业人才和培养、提高资产评估师的大数据资产评估技能;再者是有胜任能力的评估师事务所增加大数据资产评估业务范围,同时建立大数据资产登记确权、价值评估、交易服务公共平台。这不仅为大数据资产走进企业的会计报表提供了合理合法的可能,也为企业将来的大数据资产抵押贷款、资产证券化的等价支付、有序流动以及为最终形成大数据产业和产业链奠定基础。

对于税务机关而言,首先是应该将大数据资产交易列入增值税细目,确定大数据企业的征收率和税率;其次是制定大数据资产的最低摊销年限;再者是壮大针对日益繁荣的大数据企业的稽查队伍或者人员。

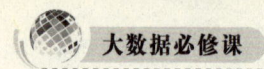

一、大数据资产化

公司和组织的目标及生存价值就是在竞争中存在和赢利的,这是市场经济条件下公司运营的基本准则。在知识经济和经济全球化背景下,公司和组织加强资产管理,提高资产的数量和质量是提高自身竞争力的重要路径。在信息化高度发展的今天,大数据资产已经在日常生活和国民经济中展现身影和巨大的活力。它可以在不增加大量成本投入的基础上,通过采集利用一些以前抛弃的数据,在原来价值之外额外增加一份价值,其表现形式为收入的增加和成本的节约。

但令人遗憾的是,虽然大数据在目前的经济社会中已经发挥了巨大作用,产生了明确的经济价值,可是其产生的价值计量却需要依附在其他活动和其他资产上,这对真实地反映经济生活是不利的,将会阻碍企业经营者的判断和决策,也会误导社会其他决策者,对于那些生产和利用大数据创造巨大价值的人也很不公平。由于这个原因,许多宝贵的大数据资源,现在还在不断流失,或者如同管理者所说的"数据都在睡大觉"。于是,需要将大数据资产化来解决大数据价值独立计量这个问题。

互联网已经与我们工作和生活不可分割,"互联网+"的思路更是进一步加快了互联网进入传统行业的步伐,互联网不断产生的大数据就是一座未开发完毕的矿藏,或者称为一项巨大的无形资产。2015年8月国务院发布了《大数据发展行动纲要》,吹响了大数据在国民经济生活中发展的号角。

(一)大数据和大数据资产

大数据是数据集合的一种。数据通常是数值或者其组合。我们认为数据是我们通过观察、实验或计算得出的结果,包括数字、文字、图像、声音、日志等。数据是一种客观存在,并以一定形式表现出来,大数据是数据中的一种,随着计算机技术的发展和内在价值的发现而进入我们的视线。简单地说,当数据具有资产属性时,就可以成为数据资产;大数据是数据的一种,具备资产属性的大数据就是大数据资产。

根据目前的会计分类,数据资产应该归属到无形资产,接下来我们分析大数据是不是数据资产、大数据是否有数据资产或者无形资产的属性和特征。

我们引用目前数据资产概念的基本认识来分析。数据资产是公司及组织拥有或控制,能给公司及组织带来未来经济利益的数据资源。其中包含几个含义:第一,数据资产可以给公司和组织直接或间接带来资金、现金、等价物等,也可以是某种可能性,体现在公司和组织经营的各个方面;第二,数据资产可以是物理形式的,如书本、备忘录、档案、表格、照片、记录,也可以是电子形式的文件,如数据库、日志、各种电子表格、录音录像、程序等;第三,公司和组织可以自行产生数据资源,也可以从外部和市场购买和合作使用各种数据;第四,带来经济利益的表现可以是货币形式,也可以是其他利益,但随着数据资产交易量的扩张和在国民经济中地位的增强,在会计货币计量的基本前提下,会计准则中公司和组织的资产负债表也将会明确要求将数据资产或者大数据资产纳入。

目前,比较权威的大数据定义是4V定义,即大数据是高容量、高生成速率、种类繁多的信息价值(volume、velocity、variety、value)。大数据一般产生于物联网、传感器、天文学、气象学、基因工程、动物学、制造工业、通信、邮政海运等方面。根据其来源,大数据可简单地分为两类:一是人文大数据,即人类活动及其记录所产生的各类数据;二是机器大数据,即各种机器尤其是计算机产生的大数据,包括文件、数据库、多媒体审计、日志等形式。大数据的特点和分类可以帮助我们在建立大数据资产的会计子科目时进行合理的设置。

如果将互联网比喻为工业时代的蒸汽机,那么大数据可以比喻为"新型石油",其在信息领域乃至国民经济中的作用好比石油。石油是曾在上两个世纪对经济发展产生重大影响的自然资源。根据各国咨询机构的分析,良好地使用大数据资源可以产生明显可计量的价值。例如,2013年美国健康护理利用大数据每年产出约3 000亿美元,年劳动生产率提高0.7%;GPS全球个人定位数据服务提供商收益1 000多亿美元,为终端用户提供高达7 000亿美元的价值。

从理论上而言,计算机的普及解决了信息的可读化、可计算化问题,互联网解决了信息传递和服务问题,大数据则解决了信息的分析和预测问题,在决策科学化及公共服务个性化、精准化方面,大数据通过数据挖掘和数学模型揭示出原来没有想到或难以展现的相关性。不过,公司和组织只有主动识别、管理大数据,才能为公司和组织及拥有者提供并实现其潜在价值。

(二)大数据的资产特性

2015年,移动互联网数据应用方兴未艾,波音公司发动机所生产的大数据又对马航飞机失事提供了有力的证据,大数据得到了商业和工业的高度重视。许多原本存放在服务器上平淡无奇或者慢慢死去的陈年旧数一夜之间身价倍增。大数据之父维克托乐观预测,数据列入公司资产负债表只是时间问题。

事实上,数据有可能成为资产,但不是所有数据都具备资产的属性。宝贵的石油在工业化时代来临前的很长一段时间里,也只是一种无用的黑色液体。大数据可能也是如此,不过我们可以推动和加快这个过程。

某机构从北京市 500 万 3G 手机用户的 20T 行为大数据中,根据我们的 URL 库规则分离出 185.1 万户对移动流量有需求的用户,又根据目标业务的需要再次筛选出 17 301 条重度流量需求目标用户。考虑到首次试验的风险和成本,根据营销成功可能性系数 > 18 和银牌用户的双重要求,确定营销目标 2 640 名;在呼叫试验中,成功率为 34.83%,相比以前的营销成功率 2%～3% 提高了 10 倍以上,极大地鼓舞了一线营销人员。需要说明的是,这里营销成功的定义是 3G 手机用户提高了用户套餐金额和增加订购了流量包,直接产生了合同收入。

从这个案例中我们可以看到,经过分离的数据产生了直接的合同收入,而产生收入的大数据可能平时就在那里静静躺着,也许 3 个月或 6 个月之后就被数据库管理程序自动删除。我们让大数据产生了收入,大数据有了价值,可以成为资产,但是我们也投入了劳动,收入如何分配?这些大数据或许也被其他人研究和开发,产生了其他的收入,其价值是简单的叠加吗?今天这些大数据没有收入价值,也许明天就有了,风险资本愿意去买这些今天看来无价值的大数据吗?其价值如何判定?大数据也许就是副产物,其产生的成本是零吗?想要解决这些问题,首先需要我们将大数据资产化,然后再结合我们以前的知识体系逐步展开研究。大数据资产化是将大数据赋于资产性质的过程,必须使大数据具备资产的性质。

大数据种类很多,我们可以找到符合资产要求的那些大数据。首先,公司和组织控制权要求。要成为公司和组织的资产,作为主体的公司和组织一定拥有控制权。目前来看,大数据所有权问题一般比较清晰,只有涉及个人信息的那部分相对模糊,需要我们继续研究。其次,公司和组织拥有收益权。资产能带来经济利益是大家的共识,如果不能带来经济利益,再多的大数据也只能是垃圾,公司和组织还要为这些大数据支付额外的存储费用。再者,大数据可以量化为货币,即货币化。货币是我们进行经济活动的共同语言。数据用货币计量有两个基础:首先要社会对数据的价值达成基本的共识并愿意进行交换,同时法律上要对此做出明确的规定。货币作为会计信息的统一计量单位,有利于不同公司和组织、不同行业用同一口径衡量反映其财务状况和经营成果。但是,如何用货币对这些数据进行计量则需要继续研究。

对于数据资产的货币计量,简单地讲,可以参照无形资产的计量规则。很多高科技公司和组织都具有较长的投入产出期,通过对递延资产的摊销可以为公司和组织形成有效税盾,降低公司和组织实际税负。

从现有的技术条件和大数据应用情况来看,大数据具有资产的特性,尽管还没有普及和存在许多困难,但其理论上的可行性是成立的。

根据大数据产业的发展历史和目前的应用情况,对大数据资产定义为:大数据资产是自然人或法人拥有的能够带来现实或潜在可计量经济利益的大数据或其衍生物,衍生物以大数据为核心价值,其特点为:① 大数据资产是一种客观存在,其产生和存在可以合法或者不合法;② 大数据资产的计量具有波动性;③ 大数据资产不具有实物形态。

大数据资产的存在有赖于实物载体,需要存储在有形的介质中,比如计算机硬盘、移动硬盘。大数据通过数据挖掘形成资产后,虽然以抽象的形态存储于介质中,但资产价值与存储的介质无关,因而不能将其物化于某一项实物形态的资产上。大数据的商业功能即常见的商业模式,包括租售数据模式、租售信息模式、数字媒体模式、数据使能模式、数据空间运营模式以及大数据技术提供模式。

无形资产一般是指公司和组织拥有或者控制的没有实物形态的可辨认的非货币性资产。无形资产具有广义和狭义之分。广义的无形资产包括货币资金、应收帐款、金融资产、长期股权投资、专利权、商标权等;狭义的无形资产一般是指专利权、商标权、知名度等。大数据是否无形资产,通常也与经济环境和社会环境相关,具有历史空间特性。从目前大数据资产的发展和应用情况来看,大数据在具有资产属性的基础上还具有无形资产的一些特性,即没有实物形态、具有可辨认、非货币性资产、带来未来预期收益、具有不确定性。

特定大数据及其衍生物符合无形资产的核心描述,特定大数据是一种无形资产。不过,并非所有的大数据在具体的时间内都是资产,比如我们前面案例里提到的那 500 万北京 3G 手机用户,在移动用户手机上网记录查询项目完成建设之前这些大数据被周期性地、无情地抛弃了。

二、大数据资产评估标准化

中国标准化研究院党委书记王宗龄在中国大数据金融产业创新战略联盟

成立大会上讲,目前大数据产业受到全国重视,各地都在大力发展大数据产业。大数据产业的核心枢纽是数据交易,数据资产评估、定价是数据交易的核心。贵阳首创性地提出了大数据资产评估的概念。大数据产业的发展迫切需要对数据资产开展评估,将企业的数据转化为有价的无形资产。建立一套客观、规范、公平、切实可行的数据资产评估体系,将有力地促进资产交易体系健康发展。建立评估体系,很重要的一个手段就是标准化。标准化的本质就是通过统一的规范和规则,实现最佳效益。运用标准化方法可以将数据有序化,可以确保其准确性和可靠性。

大数据标准化目前仍处于起步阶段。中国大数据金融产业创新战略联盟的成立,为开展大数据资产评估标准化工作提供了一个良好的契机。2015年初,国务院发布了《深化标准化工作改革方案》,明确提出要培育和发展团体标准。联盟标准作为团体标准的一种表现形式,是一种既能满足高技术新兴技术领域快速发展需求又能够迅速将技术成果转化为标准的新标准形态。它解决了新兴产业的技术创新要素整合和产业链构建问题,也有利于削弱区域性产业集群中的恶性竞争问题,已在国际上获得市场认可。有很多联盟标准成为"事实标准",是对现有标准体系的有益补充。例如,国际电气和电子工程师协会(IEEE),制定了电气领域的近千项标准,得到了全球公认;万维网联盟(W3C)一直致力于开展网络标准的制定,其超文本标记语言、可扩展超文本标记语言等标准得到了全球同行业领域的广泛的认可和应用。

为了进一步落实国务院关于深化标准化工作改革方案的要求,国家标准化管理委员会委托中国标准化研究院开展了一系列研究和政策支撑工作。

目前,大数据金融、大数据资产评估技术研发、大数据资产评估标准研制同步推进,用标准化将技术创新成果产业化。简单地说,就是让技术研发与标准研制同步进行,标准制定与创新成果转化同步进行。例如,在继续研究大数据资产定价法的同时,结合标准研制,用标准及时实现该成果转化,在业内推广使用;系统性地研究构建大数据资产评估标准体系,运用标准化的手段解决大数据资产评估中的流程、方法和实施规则等问题。大数据评估标准化被企业广泛应用,形成试点示范效应,并逐步在行业内推广,有利于将标准向地方标准、行业标准、国家标准甚至国际标准转化。

大数据发展集聚区和大数据产业技术创新实验区,目前已经布局大数据交易所、大数据征信中心和大数据资产评估中心。中国大数据金融产业创新战略联盟、大数据资产评估实验室、大数据与金融投资市场项目,将进一步完善大数据生态体系,延伸大数据产业链,助力大数据资产评估标准化,奠定未来在整个中国大数据产业中的核心地位。

三、大数据资产交易税源监控化

对于税务机关而言,首先是应该将大数据资产交易列入增值税细目,确定大数据企业的征收率和税率;其次是制定大数据资产的最低摊销年限;再者是壮大针对日益繁荣大数据企业稽查队伍或者人员。从流转税环节就要有法可依,依据确定的交易额或者税务机关制定的最低交易标准价计算流转税;从是否有相关发票环节进行企业所得税鉴证,做到有法必依。以此,达到大数据资产的税源监控化。

四、大数据会计人才培养

大数据资产迈入大数据企业自然产生了大数据会计人才的需求,同样也给普通的财务人员带来机遇和挑战。会计人才本身对数据敏感,在掌握大数据分析技能方面具有优势,对于日常的账务处理有现实的需要。

随着大数据资产对于商业的重要性与日俱增,公司和组织不仅需要招揽大数据管理和大数据信息系统维护的专业人才,而且需要在原有的会计系统和科目中加入大数据资产这个日益活跃的会计元素。因此,我们建议现有的会计人才培养中应该必修或者选修与大数据相关的教材。

第二节 大数据资产的会计处理

大数据在能够资产化的背景前提下,在能够实现大数据资产评估标准化和税源监控化的技术支持下,对大数据合理地进行确认和计量,正确地进行会计处理,公允地体现在会计报表上,将为大数据资产登记确权、评估、交易提供合理合法的可能,也为企业将来的大数据资产抵押贷款、资产证券化的等价支付、有序流动最终为形成大数据产业和产业链奠定基础。

一、大数据资产确认的理论基础

从数据的持有者来看,无论是主动获取还是被动获取,都需要消耗经济资源,并且预期会给数据的持有者带来经济利益。显然,大数据符合《企业会计准则——基本准则》中关于资产的定义和确认标准,需要将其资产化。

从大数据的存在形态来看,主要包括数字信息、文字信息、图像信息、语言信息等,虚拟化、数据化、非实体为主要特征,因而不具备确认为"固定资产"或"存货"的要素特征。

按照《企业会计准则——无形资产》中关于无形资产的定义"企业拥有或控制的没有实物形态的可辨认非货币性资产",应将大数据资产作为无形资产进行确认,在"无形资产"科目下单设"大数据资产"明细科目进行核算。

从前面几章阅读以及对会计准则的理解,我们可以总结大数据资产具有本身独立的特征。

(一)企业拥有或控制并能带来经济利益的资源

大数据资产作为企业的一项资产,无论是主动获取还是被动获取,企业拥有对数据的删除、复制、加工等权利,并通过对数据的加工、挖掘使得数据能够为企业带来未来的经济利益。对有些数据企业不一定拥有其所有权,比如网络上用户的评论,但企业能约束或控制这些数据获取经济利益,则表明企业控制了该大数据资产。

(二)大数据资产不具有实物形态

大数据资产不具有实物形态。大数据资产的存在有赖于实物载体,需要存储在有形的介质中,比如计算机硬盘、移动硬盘,但这不改变大数据资产不具有实物形态的特性。大数据通过数据挖掘形成资产后,虽然以抽象的形态存储于介质中,但资产价值与存储的介质无关,因而不能将其具化于某一项实物形态的资产上。

(三)大数据资产的使用具有长期性

大数据资产能为企业带来长期的利益,并且随着时间的推移价值呈逐渐衰减的趋势。企业持有大数据资产的目的不是为了只在当期销售,而是为了在未来一段区间内不断为企业带来经济利益,因而大数据资产应确认为一项长期资产。

(四)大数据资产具有可辨认性

大数据资产要作为无形资产核算,该资产必须能够区别于其他资产可单独确认。大数据资产源于数据的加工、挖掘,能够从企业中单独分离或划分出来,能够单独确认、计量并用于出售、转移或交换等。

因此,大数据资产的确认应同时满足以下两个条件。一是与大数据资产有关的经济利益很可能流入企业。经过大数据技术挖掘、处理后,只有当大数据所产生的未来利益很可能流入企业时方可进行资本化,否则应将数据挖掘、处理的支出计入当期费用。二是大数据资产的成本能够可靠计量。大数据资产的取得,无论是主动获取还是被动获取,企业必须消耗相关成本,且成本能够单独可靠计量时应将成本予以资产化。

二、大数据资产的会计处理方法

通过对大数据资产确认的理论基础指导,在会计处理实务上,当大数据企业针对某个领域、某个事项、某种目标进行前期调查、调研、抽样、统计等研究时,或者针对基础资料进行筛选、整理、分类、分析等后期系统加工处理开发时,再或者企业支付对价购买取得数据基础资料时,将归集的对象化了的成本费用确认为"研发支出",非对象化的确认为期间费用。

在"研发支出"的基础之上,能够使大数据以研究报告等现实产品形式对外提供给大数据使用者时,或者能够使大数据在虚拟空间里供大数据使用者随时使用时,将"研发支出"确认为"无形资产"。

(一)大数据资产的取得

按照《企业会计准则——基本准则》对会计要素进行计量时,一般采用历史成本以及采用重置成本、可变现净值、现值、公允价值计量的,应当保证所确定的会计要素金额能够取得并可靠计量。

1. 自行研究开发

【实例1】科研人员针对某目标数据进行前期调查、调研、抽样、统计,当月发生差旅费12 000元;业务招待费5 000元;购买纸张等用品3 000元;设备、电脑、车辆等折旧7 000元;摊销各类仪器、设备3 000元;人员工资薪金30 000元。不考虑相关税费,具体账务处理如下:

借：研发支出—研究阶段	55 000
管理费用	5 000
贷：银行存款	12 000
库存现金	8 000
累计折旧	7 000
累计摊销	3 000
应付职工薪酬	30 000

【实例2】承接【实例1】，假定调研回到企业，上述调研数据没有或者部分具有实用价值。那么如果没有实用价值，则将研究阶段归集的金额全部转入期间费用。具体账务处理如下：

借：管理费用	55 000
贷：研发支出—研究阶段	55 000

那么，如果有部分实用价值，则将研究阶段归集的金额中，没有实用价值部分的额度转入期间费用。剩余部分不做账务处理，留待用于其他项目研究或者用于后期再研究。

【实例3】承接【实例1】，次月，针对基础资料进行筛选、整理、分类、分析等后期系统加工处理开发。发生设备、电脑、车辆等折旧7 000元；摊销各类仪器、设备3 000元；人员工资薪金30 000元。不考虑相关税费，具体账务处理如下：

借：研发支出—开发阶段	95 000
贷：累计折旧	7 000
累计摊销	3 000
应付职工薪酬	30 000
研发支出—研究阶段	55 000

【实例4】承接【实例3】，在"研发支出"的基础之上，能够使大数据以研究报告等现实产品形式对外提供给大数据使用者；或者能够使大数据在虚拟空间里供大数据使用者。具体账务处理如下：

借：无形资产—大数据资产	95 000
贷：研发支出—开发阶段	95 000

【实例5】承接【实例3】，假定，月末在"研发支出"的基础之上，发现上述研究没有或者部分具有实用价值。那么，如果没有实用价值，则将开发阶段归集的金额全部转入主营业务成本。具体账务处理如下：

借：主营业务成本	95 000	
贷：研发支出—开发阶段		95 000

那么，如果有部分实用价值，则将开发阶段归集的金额中，没有实用价值部分的额度转入主营业务成本。剩余部分不做账务处理，留待用于其他项目开发或者用于后期再开发。

这样的账务处理，事实上是让有价值的成果收入，分担了无价值的研发支出，理论上等同于在工业企业合格产品承担残次品或不合格品的成本。

2. 外购取得

【实例6】企业支付银行存款60 000元，外购取得直接或者简单处理后能够使大数据以研究报告等现实产品形式对外提供给大数据使用者；或者能够使大数据在虚拟空间里供大数据使用者随时使用。具体账务处理如下：

借：无形资产—大数据资产	60 000	
贷：银行存款		60 000

【实例7】承接【实例6】，假定，上述购进的是基础数据资料，不能直接使大数据以研究报告等现实产品形式对外提供给大数据使用者；或者能够使大数据在虚拟空间里供大数据使用者随时使用，需要进一步研究。具体账务处理如下：

借：研发支出—研究阶段	60 000	
贷：银行存款		60 000

【实例8】承接【实例6】，假定，上述购进的是基础数据资料，不能直接使大数据以研究报告等现实产品形式对外提供给大数据使用者；或者能够使大数据在虚拟空间里供大数据使用者随时使用，需要进一步开发。具体账务处理如下：

借：研发支出—开发阶段	60 000	
贷：银行存款		60 000

外购大数据资产，在研究、开发阶段转入"无形资产"账户的时间、方法以及发现是否具备实用价值的会计处理方法与自行研究、开发取得大数据资产相同，在此不再赘述。

（二）大数据资产的后续计量

大数据资产将以存货的形式或无形资产的形式，存在于"研发支出"或"无形资产"账户。因此，大数据资产的会计处理关键工作就是摊销，其摊销的流向应该是和大数据企业"主营业务收入"对应的"主营业务成本"。也就是说，摊销时借记"主营业务成本"，贷记"累计摊销"。

针对大数据资产的特性，其不适应一般无形资产五五摊销和分次摊销的直线平均法，应当采用收益百分比法或者年数总和加速摊销法。目前大数据资产的计量标准尚待完善，收益百分比法的实施还有一定难度。当前可以将固定资产计提折旧的年数总和法引入大数据资产的摊销，具体的使用年限可以参考最低使用年限。

【实例9】承接【实例6】，假定该大数据资产预计可以对外提供240份数据研究报告，预计可使用年限为3年。当月实际对外提供8份，每份收款3 000元。不考虑相关税费。收入确认的具体账务处理如下：

借：银行存款　　　　　　　　　　　24 000
贷：主营业务收入　　　　　　　　　24 000

【实例10】承接【实例9】，对价值60 000元的大数据资产，采用收益法进行摊销的具体账务处理如下：

摊销额 = 60 000 ÷ 240 × 8 = 2 000

借：主营业务成本　　　　　　　　　2 000
贷：累计摊销　　　　　　　　　　　2 000

【实例10】承接【实例9】，对价值60 000元的大数据资产，采用年数总和法进行摊销的具体账务处理如下：

摊销额 = 60 000 × [3 ÷ (1+2+3)] ÷ 12 = 2 500

借：主营业务成本　　　　　　　　　2 500
贷：累计摊销　　　　　　　　　　　2 500

【实例11】承接【实例9】，假定该大数据资产是以虚拟空间提供数据点击形式收费，预计可使用年限为3年。当月实际取得收入20 000元。不考虑相关税费。收入确认的具体账务处理如下：

借：银行存款　　　　　　　　　　　20 000
贷：主营业务收入　　　　　　　　　20 000

【实例12】承接【实例11】，对价值60 000元的大数据资产，该种实施点击数据收费方式的大数据资产摊销方式，不便于采用收益法预计，一般应该采用年数总和法进行摊销。具体账务处理如下：

摊销额 = 60 000 × [3 ÷ (1+2+3)] ÷ 12 = 2 500

借：主营业务成本　　　　　　　　　2 500
贷：累计摊销　　　　　　　　　　　2 500

【实例13】承接【实例3】，假定将开发阶段的初步成果转让，取得转让收入150 000元。不考虑相关税费。具体账务处理如下：

借：银行存款　　　　　　　　　　　　150 000
　　贷：主营业务收入　　　　　　　　　　150 000

【实例14】承接【实例13】，假定将开发阶段的初步成果转让，应同时将阶段成果归集的成本进行结转。具体账务处理如下：

借：主营业务成本　　　　　　　　　　95 000
　　贷：研发支出—开发阶段　　　　　　　95 000

【实例15】承接【实例4】，假定将已转入无形资产的成果转让，取得转让收入160 000元。不考虑相关税费。具体账务处理如下：

借：银行存款　　　　　　　　　　　　160 000
　　贷：主营业务收入　　　　　　　　　　160 000

【实例16】承接【实例15】，假定将已转入无形资产的成果转让，应同时将无形资产的账面价值进行结转。具体账务处理如下：

借：主营业务成本　　　　　　　　　　95 000
　　贷：无形资产—大数据资产　　　　　　95 000

【实例17】承接【实例10】，假定将实现一个月收入并摊销的无形资产成果以他方买断的形式转让，取得转让收入700 000元。不考虑相关税费。具体账务处理如下：

借：银行存款　　　　　　　　　　　　700 000
　　贷：主营业务收入　　　　　　　　　　700 000

【实例19】承接【实例17】，假定将实现一个月收入并摊销的无形资产成果以他方买断的形式转让，应同时将无形资产的账面价值进行结转。具体账务处理如下：

借：主营业务成本　　　　　　　　　　57 500
　　　累计摊销　　　　　　　　　　　　2 500
　　贷：无形资产—大数据资产　　　　　　60 000

【实例17】承接【实例10】，假定将实现一个月收入并摊销的无形资产成果以他方共享的形式让渡大数据资产使用权，取得转让收入50 000元。不考虑相关税费。具体账务处理如下：

借：银行存款　　　　　　　　　　　　50 000
　　贷：主营业务收入　　　　　　　　　　50 000

大数据资产让渡资产使用权和以他方买断的形式转让是两种不同的业务类型。

以他方买断的形式转让，伴随着收入的实现，该企业的大数据资产就失去了拥有或控制权，因此，在确认收入的同时应该讲大数据资产的账面价值结转到成本中。

以他方共享的形式让渡大数据资产使用权，从会计处理的角度只需要确认收入。从表面上看，这不影响大数据资产的账面价值，但是从经营的角度看，他方共享带来一定的当期收益，同时在一定程度上影响本企业的未来收益。所以如果企业对大数据资产采用的是收益法摊销时，应该在确定当期收入的同时进行摊销，以降低大数据资产的账面价值。

（三）大数据资产的会计报表列示

大数据资产在资产负债表上的列示位置，依据对会计准则理解应该分别列示在存货项目和无形资产项目。针对大数据资产的特性，对于账面价值需要研究两个问题。第一，大数据是轻资产类型的资产，所以不能仅仅从资产额度上判定大数据企业是小企业或中企业，那么能不能采用高价卖出平价买入，并交纳交易环节税费的形式抬高资产额度；能不能评估增值补交税费入账，这些还有待进一步探究。第二，大数据资产列示在无形资产项下，无疑是一种长期资产，这在某种程度上会影响大数据企业的流动比率实质。因此，可否考虑将一年内摊销完成的部分价值，列示在一年到期的其他流动资产。

总之，如何对大数据资产进行确认、计量、记录、报告还有待相关政策、法规的完善。目前仅仅是对大数据会计的初探或者称为畅想，但正如前所述，大数据企业是已经存在的企业类型，大数据资产也无疑要计入企业的会计报表，这对大数据企业本身和整个社会的大数据产业都具有现实意义和深远的影响。

第六章

大数据专业梦想

面对大数据与日俱增的需求,在大数据人才的培养上,需要让大数据走进不同的专业,通过选修、辅修、课外阅读等方式让更多的学生了解大数据,掌握一些大数据的基本知识。如此,才能使他们游刃有余于大数据时代的工作和生活中。这也是本书命名为大数据必修课的目的。让大数据内容与最为相近的专业去碰撞,让一部分专业增加大数据的相关知识,亦或能推动一些专业改造或者升级。

通过一段大数据与相关专业的渗透碰撞,不仅能培养大数据人才,同时也能营造大数据学习与应用的氛围。

"大数据"已经成为一个时代的热词,而且是具备了影响甚至引领经济热潮的词汇,进而上升到一个产业、一个时代。所以关于大数据人才的培养模式,在研究过程中,我们将"培养"一词分为"泛培养"和"精培养"。

所谓"泛培养"是指在培养过程中,不分专业,不限学科,所有的学生都应该了解大数据的基本知识,甚至掌握大数据的基本运用,通过选修、辅修、课外阅读等方式,进行大数据基本素养的培养。

所谓"精培养"是指科学与工程本科专业和金融专业硕士研究生是两个较为相近的大数据专业,在此专业基础上,渗透更多大数据课程内容,重新进行规划设计,使其成为可行性较高的大数据人才培养模式。

"泛培养"和"精培养"都是使大数据向非专业或者在相关专业渗透,目的是影响一批人、培养一代人。专门的大数据专业人才培养模式,应该是设置专门的专业,仅凭渗透与碰撞是远远不够的。而将大数据作为一个独立的专业来设置这未尝不可,也更符合国家培养"专业"理论和技能复合型人才的培养理念。相信在不久的将来,大数据作为大学校园里独立专业的培养模式会成为现实。

第一节 大数据与统计专业渗透碰撞

乍听上去,统计学这个专业似乎挺枯燥。所以,每年统计学新生教育,老师们做的第一件事情就是打破学生对于专业的偏见,带领他们走进统计学的"世界",指出它不仅是一门独立学科,而且很容易和工业工程、生物医学、经济学、金融学、管理科学和行为科学等多学科形成交叉,推动这些学科的发展。

比如,统计学与经济或金融学结合,就发展出"计量经济学""金融经济计量学"和"金融统计学",统计学与保险学结合,就发展出了"精算学",与生物医学结合发展出"生物统计学"和"生物计量学"等。除了这些传统的分支,统计学目前还正在渗透到其他学科中而产生新的研究领域,比如,与计算机科学相结合出现了"数据挖掘",与管理科学结合发展出了各种各样的预报方法和科学评估手段,比如"6希伽码管理""神经网络"和"灰色理论"等。这些理论分支和领域,又为其他学科进行量化分析提供了不可缺少的理论基础和方法。

"大数据"已经被公认为是与自然资源、人力资源一样重要的战略资源。海量的数据本身并无意义,真正的意义体现在对于含有信息的数据进行专业化的处理。正是在这一点上,大数据的涌现给统计方法、计算和理论带来了巨大的挑战,也给统计学的发展带来极大的机遇。大数据与统计学及计算机科学的结合产生现代社会发展所急需的"数据工程师"和"数据科学家"。据有关权威部门测算,近五年来中国专用数据分析人才预计缺口达几千万。

"大数据"这个词的确比"统计"时髦了很多,不过,站在"统计人"的角度上,说大数据专业是统计专业的另一个称谓也未尝不可。统计学的数据收集、数据存储、数据分析、数据应用等就是大数据的基本理论和实务课程。那么,站在"大数据人"的角度上,也可以说统计已经跟不上时代的潮流,大数据毕竟是和互联网、云计算共处于一个时代。因此,我们说大数据与统计专业盘根错节。

第二节 大数据专业人才培养

为促进高校本科生在规模、结构和质量诸方面的协调发展,适应大数据时代的要求,满足国家、山东省以及山东半岛蓝色经济区的经济建设、社会发展和科技进步对大数据人才的迫切需求,尤其是在助推青岛成为国际化的大数据产

业中心方面能够做出积极而有力的支持,部分高校根据自身的办学条件和学科未来发展需要,开设数据科学与工程本科专业,进行本科层面上的大数据相关专业人才培养。

同时,为适应我国社会主义市场经济对金融专门人才的迫切需求,完善金融人才培养体系,创新金融人才培养模式,提高金融人才培养质量,国务院学位委员会于2010年决定设置金融硕士专业学位。

但是目前的金融硕士培养注重定性理论知识传授和实务操作技能训练,缺少金融数据分析能力的培养,这可以从《金融硕士专业学位研究生指导性培养方案(试行)》中明显看出。事实上,全国各相关高校金融硕士专业学位研究生的培养也反映出了这一点。显然,这种培养模式没有适应已经到来的金融大数据时代。国际上的一些金融机构已通过利用大数据挖掘手段将"金融大数据"成功地转化成了"财富"。尽管大数据的研究与应用在金融业还处于初级阶段,但是其价值已经显现出来。在金融大数据背景下,金融市场决策将日益基于数据和分析而做出,而非传统意义上基于经验和直觉,金融大数据将成为金融业进行重要活动的"基础设施"。因此,在大数据时代,金融分析与决策的正确性和及时性越来越依赖于对金融大数据的应用和判断。我们要有这种意识的转变!

部分高校应该从金融大数据的视角来系统而深入地探索金融硕士专业学位研究生的培养模式。这一新的培养模式克服了目前培养模式存在的问题,有利于加快金融硕士专业学位研究生教育的发展;有利于提升金融硕士的职业能力;有利于社会对金融专门人才的现实和未来需求,特别是山东半岛蓝色经济区对高层次、应用型金融专门人才的需求。

一、大数据相关专业的规划设计

数据科学与工程本科专业和金融专业硕士研究生是两个较为相近的大数据专业,在此专业基础上,渗透更多大数据课程内容,重新进行规划设计,就是可行性较高的大数据人才培养模式之一。

大数据相关专业人才培养的方式很多。下面以数据科学与工程本科专业人才培养和大数据视角下的金融硕士人才培养为例,具体介绍人才培养的模式。

（一）数据科学与工程本科专业培养

培养具有良好科学素养,在具备一定的数学、统计学和计算机科学等方面知识的基础上,较全面地掌握大数据处理和分析的基本理论和技术,能够运用所学知识解决实际问题,具有较高的综合业务素质、创新与实践能力,能从事大数据分析、大数据应用开发、大数据系统开发、大数据可视化以及大数据决策等工作,或继续攻读本学科及其相关学科的硕士学位研究生。

1. 基本要求

（1）掌握马列主义、毛泽东思想和邓小平理论的基本原理和"三个代表"的重要思想,认真学习习近平同志一系列重要讲话,树立科学发展观以及正确的人生观和价值观,具有良好的职业道德。

（2）具有较好的数学、统计学和计算机科学基础,掌握数据科学与工程的基本理论和方法,能够运用所学知识进行大数据处理及分析。

（3）具备熟练应用计算机（包括常用语言、工具及专用软件）的基本技能,具有较强的算法设计、算法分析与编程能力。

（4）掌握计算机科学、信息处理和数据统计的基本知识和技术;能运用所学的理论、方法和技能将信息技术和科学与工程计算中的某些实际问题进行数学建模并能运用现代计算工具高效求解。

（5）有较强的语言表达能力,掌握资料查询、文献检索及运用现代信息技术获取相关信息的基本方法,具有一定的科学研究和软件开发能力。

2. 修业年限、学分要求及授予学位

修业年限为4年;总学分不少于学校规定标准;理学学士。

3. 课程设置

（1）主要公共基础课:数学分析、高等代数、空间解析几何、常微分方程、计算机程序设计、数据结构。

（2）主要专业基础课:概率论、数理统计、机器学习导论、操作系统、数据库系统。

（3）主要专业课:大数据处理技术、大数据分析方法及应用、时间序列分析、多元统计分析、统计分析软件以及专业特色课（数据科学方向:大数据可视化与安全、高级数据库开发技术、云计算、统计自然语言处理;统计学方向:非参

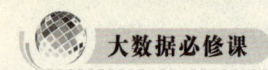

数统计、贝叶斯统计、现代回归分析方法、随机过程)。

课程实验(设计)、毕业实习(设计)、大数据综合实训和 Linux 操作系统等。

4. 课程体系的构成及学时、学分分配

设必修课 32 门,其中公共基础必修课 18 门、专业基础必修课 5 门、专业核心课 5 门、专业特色课 4 门(按一个方向计算);设选修课 23 门,其中专业基础选修课 9 门、专业选修课 14 门。

各类课程总学时为 2 486 学时,授课总学时为 2 292 学时,其中必修课 2 022 学时:公共基础必修课 1 408 学时,专业基础必修课 234 学时,专业核心课 220 学时,专业特色课 160 学时;选修课 464 学时(按额定学分计算):公共基础选修课 144 学时,专业基础选修课 128 学时,专业选修课 192 学时。

要求学生在四年内取得 171 学分,其中必修课 112 学分:公共基础必修课 79 学分,专业基础必修课 13 学分,专业核心课 12 学分,专业特色课 8 学分;实践环节 31 学分;选修课 28 学分:公共基础选修课 8 学分,专业基础选修课 8 学分,专业选修课 12 学分。必修课与选修课学分之比近 4∶1。

(二)金融专业硕士研究生的培养

1. 培养模式概述

基于金融大数据视角,金融硕士专业学位研究生培养模式是针对"职业型"研究生设计的,以学术为底蕴,注重专业训练,培养应用型、复合型高级专门人才为目的的专业培养模式。在金融大数据背景下,理解好"专业训练"和"应用型、复合型高级专门人才"的内涵。

在金融大数据面前,仅仅有功能强大的计算机处理工具是不够的,还要有更有效的分析方法,才能完成对数据蕴含价值的探索和发现,进而实现金融决策的准确化和及时性。大数据时代将促成金融智能分析师和金融数据挖掘工程师两个岗位需求的快速增长,为此,我们在培养金融硕士时要强化金融数据分析能力训练,以培养用数据说话的理念,锻炼分析数据的思维方式。

金融硕士专业学位研究生的培养应该突出金融实际操作能力的训练和实际应用能力的培养,但这并不意味着忽视研究能力的培养,而应该是适当兼顾,因为只有具有一定的研究能力才能更好地解决各种复杂金融问题。这就要求我们在金融硕士专业学位研究生的培养过程中要用发展的眼光看问题。但是,硕士专业学位研究生的培养毕竟不同于学术型研究生的培养,不可能有充足的时间和精力来培养研究生的研究能力,需要探索新的路子。

金融硕士专业学位研究生应该具有较强的实际应用能力,因此研究生的培养应该采用课程授课、案例讨论和实践训练等多种方式,对这些方式要进行优化组合,使其发挥出最大效能,实现理论与实践的最佳结合,达到最有利于金融专门人才培养的目的。

金融硕士专业学位研究生培养的关键问题之一就是课程设置,这是建立在以上研究基础上的,是以上研究成果的最终体现,它是由若干课程组成的一个有机整体。课程体系的构建必须遵循一定的原则,必须是合理的、可行的、有效的,必须有利于金融思想和金融能力的培养,必须反映金融大数据时代背景。课程体系的优劣会直接影响金融硕士专业学位研究生培养的质量高低,需要认真考虑、仔细研究。

2. 培养措施与途径

基于金融大数据视角的金融硕士专业学位研究生培养模式的实践是通过编制和实施培养方案来完成的。培养方案是具有约束性和指导性的教学文件,其实施是实际执行的过程,也是对其效果的检验过程,而要使其得以顺利实施,就必须采取行之有效的措施与途径。为此,可以考虑以下几点。

(1)教学观念的改变:应该采取一定方式将以传授理论知识、培养研究能力为主的教学观念转变为以传授知识应用、培养应用能力为主的教学观念。教学观念的转变是十分重要的。

(2)教学方法的改进与课程内容的更新:传统的以课程讲授为主的教学方法不能用于金融硕士专业学位研究生的培养,需要积极探索像案例讨论教学法这样更实用的教学方法,并及时更新课程内容、优化课程内容体系。

(3)学位论文的撰写:专业硕士学位论文的撰写应主要体现理论方法的应用,不太注重理论创新,应有不同于硕士学位论文的撰写规范和标准。重要的是,如何使研究生通过学位论文的撰写进一步提升运用所学知识解决实际问题的能力。

(4)校外兼职指导教师主观能动性的发挥:金融硕士专业学位研究生的指导教师采取双导师制:校内指导教师和校外兼职指导教师,校外兼职指导教师的积极性和主动性对于培养应用能力强的金融专门人才有较大影响,应探索有利于校外兼职指导教师主观能动性发挥的激励机制。

（5）实习基地和实验室建设：针对金融硕士专业学位研究生建立实习基地和专用实验室是十分必要的，这有利于进行金融实际操作能力的训练；既要建设实习基地和实验室，又要管理好实习基地和实验室，让其发挥应有的作用。

二、大数据独立专业的规划

要创新人才培养模式，建立健全多层次、多类型的大数据人才培养体系。鼓励高校设立数据科学和数据工程相关专业，重点培养专业化数据工程师等大数据专业人才。鼓励采取跨校联合培养等方式开展跨学科大数据综合型人才培养，大力培养具有统计分析、计算机技术、经济管理等多学科知识的跨界复合型人才。鼓励高等院校、职业院校和企业合作，加强职业技能人才实践培养，积极培育大数据技术和应用创新型人才。依托社会化教育资源，开展大数据知识普及和教育培训，提高社会整体认知和应用水平。

在大数据作为一个新生产业的情况下，蕴含大数据内容的专业大学生培养是方式之一，将大数据作为一个独立的专业设置也未尝不可，这也更符合国家培养"专业"理论和技能复合型人才的培养理念。相信在不久的将来，大数据作为大学校园里独立专业的培养模式也会成为现实。

第七章

大数据落地之道

大数据时代到来,大数据要改变我们的工作、生活;"大数据"一词充斥在你我周围,大数据要掀起一场思维的变革;大数据价值无限,大数据奉上的商机无限;大数据潜能巨大,大数据可以实现传统产业升级。总觉得这些话很有道理,也确实鼓舞人心,让人蠢蠢欲动,让企业摩拳擦掌。但是正如大数据的一个特性"看不见摸不着",它就在眼前却看不见,就在身边却摸不到。那么,如何让大数据落地?如何让大数据走进高校教学之中?如何将大数据植入企业发展潜能中?如何将大数据植入政府效能的提升中?走访全国的几个城市,笔者总结了一些较为成熟、成功的大数据落地之道。

　　这些经验有着相似的共同特点。首先是政府对大数据发展高度重视,政策导向明显,产业布局合理。其次是企业对大数据应用积极参与,敢于投入资金、摸索技术创新、探究产业升级。再者科研机构对大数据产业兴趣浓厚,设立科研院所、申请专业培养、设置专业课程等,还有的举办大数据产业峰会,吸引大数据产业巨头、对接大数据高端理论等。

第一节 政府搭台,企业唱戏

政府高度重视,企业积极配合,这是任何一个新兴产业从开始创办到形成规模的必然方式。政府具有政策引导、规划布局、管理扶持的职能;企业有积极参与、资金投入、具体实施的任务。政企结合,政府搭台企业唱戏,必将推动一个产业的形成、发展,将实现一个产业的社会效益和经济效益。

一、大数据产业局率先起航

2015年8月,国务院印发《促进大数据发展行动纲要》,系统部署大数据发展工作。《促进大数据发展行动纲要》指出,2018年年底前,要建成国家政府数据统一开放平台,率先在信用、交通、医疗等重要领域实现公共数据资源合理适度向社会开放。"大数据管理局"的提法最早出现在2014年1月的中共广州市委十届五次全会上,成立这个"局"的目的是为统筹推进政府部门的信息采集、整理、共享和应用,消除信息孤岛,建立公共数据开放机制。

这样一个以推动大数据工作进程的"工作局",在一个月后就得到了更高层次的"立法"支持。2014年3月,广东省政府印发《广东省经济与信息化委员会主要职责内设机构和人员编制规定》,其中明确提及成立广东省大数据管理局。此后,当年5月,广东佛山南海区挂牌成立数据统筹局;没过多久,广东清远在其经济与信息化局设置大数据管理科。

2015年5月,广州市政府公布工信委、商务委、国资委三部门共同制订大数据发展方案。根据方案,广州市工信委设立直属行政单位广州市大数据管理局,主要负责研究拟订并组织实施大数据战略、规划和政策措施,引导和推动大数据研究和应用工作;组织制定大数据收集、管理、开放、应用等标准规范等9项职责。按照规定,这个正处级单位内设三个科室,分别为规划标准科、数据资源科(视频资源管理科)与信息系统建设科;同时,配备行政编制15名,包括局长1名,副局长2名。

此后,辽宁、贵州、上海等全国多地的政府组织架构中都出现大数据管理局。目前,各地都逐步意识到政府数据公开的社会价值与商业价值,于是纷纷成立大数据管理局,由之牵头,推动当地的大数据产业发展。

2016年7月,青岛西海岸新区下发了设立"青岛市黄岛区大数据产业局"

的公告函,尽管"大数据管理局"与"大数据产业局"在名称上有些差别,但其主旨和职能基本相同,目的也只有一个,那就是开放政府数据,打通数据来源的壁垒,挖掘、发挥大数据的巨大潜能,进而推动政府效能并带动全新的商业模式。

各大数据管理局或大数据产业局,统计区域内原大数据企业,积极研究政策和政府扶持方案。招商引资大数据项目,统筹规划布局大数据产业园区,举办大数据论坛或大数据产业峰会。

二、大数据产业园栽下梧桐

2014年10月30日,青岛—惠普软件全球大数据应用研究及产业示范基地项目举行签约仪式。作为惠普公司中国战略的核心项目,青岛—惠普软件全球大数据应用研究及产业示范基地项目落户于青岛西海岸新区,确定青岛市作为惠普软件在中国唯一布局全球大数据应用研究及产业示范基地的城市。

山东省省委、省政府,青岛市市委、市政府,西海岸新区区委、工委的领导参加签约仪式,可见政府重视程度之高。惠普软件全球大数据应用研究及产业示范基地项目落地山东青岛,将满足青岛对大数据的需求,促进大数据经济的可持续性发展。

从青岛市的发展需求角度来看,目前青岛智慧城市的发展战略体现着中国城镇化的变革正逐步深化,追求更加智慧的城市管理与发展,而在这一过程中借助信息技术的力量可以大幅提高政府办公的效率,让城市管理决策更加准确而迅速。在各地政府不断推进智慧城市建设的当下,惠普与青岛的合作,为中国城市的智慧化、城镇化的进程再添新的动力。当然,作为惠普软件集团在全国范围内唯一一家大数据的应用研究基地,这也是惠普在中国发展的战略的重要里程碑。

惠普集团选择青岛,首先是惠普此前与山东有过深入的合作,在山东济宁建立了国际人才培训基地,感受到山东省对IT项目以及信息化方面的支持。其次,通过综合评估了解到,青岛是一个非常创新、开放的城市,兼容并蓄,在这里产生了很多中国本土乃至世界级的品牌,也拥有良好的IT基础设施,包括海底光缆等,硬件和软件非常强大。再次,青岛最大的特点是对海洋的研究,包括了教学资源以及其他各方面的资源投入非常巨大,会产生针对海洋运输方面的大数据分析，对未来整个产业的发展具有聚集效应，所以决定在青岛设立这样一个大数据的研究中心。而这样一个大数据研究中心，不仅满足了惠普发展的需求，也契合了青岛大数据开发与应用的战略。

目前，产业园区已经初具规模，规划有蓝色智慧港、核心商务区、智慧生态谷和文化创意区，将主要建设全球大数据应用研究中心、大数据处理中心、大数据测试中心、全球战略伙伴智慧产业实验区等研发机构。

惠普软件全球大数据应用研究中心，由惠普软件集团、高校及研究院共同组合而成，它集数据生产、采集、传输、分析、加工、归类等为一体。通过综合利用各个行业的原有数据资源，比如来自于金融行业、农业、海洋、环保等的数据，并且在此基础上整合集成、补充、完善、提升这些行业数据在交叉学科当中找到全球的创新解决方案，从而为政府、企业、个人等社会主体提供综合性的社会信息服务，实现在服务当中的数据价值。

惠普软件大数据处理中心将采取立旧建新的策略，充分利用现有的信息资源对不能满足规格的数据信息进行改造、升级和处理，最终为社会各界提供有价值的数据信息服务，从而推动商业模式创新，优化城市信息化进程，方便人们生活，实现科学和谐的社会发展。

惠普软件全球战略伙伴智慧产业实验区将引入国际知名的软件测试、软件开发、IT资源管理和大数据、云研发企业，建立智慧城市模拟实验区，打破城市信息孤岛，拓展智慧应用。通过对实验区中的各种资源进行整合，避免社会资源的重复投入、重复建设。通过对智慧实验区的建立和运作，对智慧城市的运作模式进行有益探索。

惠普软件大数据测试中心，利用惠普软件在测试领域的专业优势和项目经验，面向国内外的客户提供专业、高效的大数据测试外包服务。借助惠普丰富的实战经验，打造国际领先、国内认可的大数据测试中心。

大数据产业园区将继续载下更多梧桐，也将引来更多的凤凰。一个成熟的园区成长的发展的不是一个企业，而是带动了整个大数据产业。

第二节　高校研究峰会渗透

一个新兴产业的发展和逐步壮大，往往是理论和实务相辅相成、齐头并进。

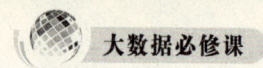

高校和科研机构在理论上的研究、在实践中的摸索是必需的和必要的。而且这些高校和科研院所高层次人才的集中是举办产业峰会的有利基础,更是人才培养的肥沃土壤。

一、"清华大学－青岛数据科学研究院"

2014年4月26日,青岛市人民政府与清华大学签订合作协议,共建"清华-青岛数据科学研究院",并在青岛成立"清华-青岛大数据工程研究中心"。经过双方前期的积极筹备,最终这两个项目均落户青岛国家高新技术产业开发区。清华-青岛数据科学研究院以清华-青岛大数据工程研究中心为成果转化平台,围绕青岛市在大数据、云计算、物联网、移动互联网、互联网金融、海洋科技、现代制造等重要领域的科技需求,开展前沿技术创新、系统集成创新、工程化研发和科技成果转移转化,统筹推进青岛互联网大数据产业集群式发展。

清华-青岛大数据工程研究中心将以国家大数据体系建设需求为导向,面向青岛有地方优势的领域发挥研究院的技术优势,力求在三年内建成"两基地、一平台",即大数据科技研发基地、大数据企业孵化基地、大数据科技云平台,并尽快组织启动实施一批围绕大数据的本地化应用示范项目。

二、青岛本土大数据统计研究中心

为积极探索大数据在服务社会经济发展以及统计理论与实践教学等方面的应用研究,2016年3月29日,青岛市统计局与青岛大学联合成立青岛大数据统计研究中心。国家统计局统计科学研究所、山东省统计局、青岛市统计局、青岛大学校共同为"青岛大数据统计研究中心"揭牌,标志着大数据的研发渗透进青岛本土。

青岛大数据统计研究中心主要围绕经济金融大数据的采集、处理、存储、分析、呈现及应用服务的全过程,开展数据的异常检测、数据分析和监控,推进与经济金融大数据相关的基础理论研究、关键技术攻关等,并突出政府统计特点、高校技术优势,以经济金融大数据和社会管理大数据为重点,促进交叉学科协同发展,力争打造成国内一流的集经济金融大数据开发利用、统计研究和统计教学培训为一体的综合研发基地。

青岛大数据统计研究中心还将瞄准国际大数据统计科学发展的最新动态,

建立本市与国内外大数据知名专家聘请交流机制，参与项目建设的研究和培训，利用大数据开展课题研究，搭建国内乃至国际大数据交流平台，进而在信用体系建设、经济金融数据挖掘、宏观经济研究、医疗健康数据管理、投资管理、社会管理等方面为青岛市政府有关政策的制定和实施提供相匹配的研究支持；同时，为适应青岛市行业、企业关于国际国内市场的创新性需求，进行基于大数据的统计预测分析，为各类企业提供咨询和预测服务。

三、山东科技大学筹建数据工程专业

山东科技大学未雨绸缪，数学与系统科学学院早在2012年创刊《数学建模及其应用》杂志；2015年至2016年先后举办几次大数据应用研讨会；邀请专业人士对学院师生进行有关大数据讲座；2016年主动承担"面向青岛西海岸新区的大数据人才培养模式研究与实践"青岛市社会科学项目。这些努力都为数据工程专业的筹建做了很好的准备，为大数据人才的培养做了准备，为满足青岛乃至全国的人才需求做了准备。

四、青岛西海岸全球大数据峰会

举政府、企业、科研院所之力，大数据产业局牵头举办大数据产业峰会，吸引大数据产业巨头、对接大数据高端理论、畅想大数据发展前景，研究大数据开发技术，挖掘大数据应用领域，进而制定大数据战略、细化大数据政策、安排大数据实施，使大数据尽快落地开花。